CONSOMMATION

DE

COMBUSTIBLE

DES

MACHINES A VAPEUR

MARINES

PAR

C. AUDENET

Ingénieur de la marine.

PARIS

ARTHUS BERTRAND, ÉDITEUR

LIBRAIRIE MARITIME ET SCIENTIFIQUE

LIBRAIRE DE LA SOCIÉTÉ DE GÉOGRAPHIE

ET DE LA SOCIÉTÉ CENTRALE DE SAUVETAGE MARITIME

Rue Hautefeuille, 21.

ARTHUS BERTRAND

LIBRAIRIE MARITIME ET SCIENTIFIQUE

LIBRAIRE DE LA SOCIÉTÉ DE GÉOGRAPHIE

ET DE LA SOCIÉTÉ CENTRALE DE SAUVETAGE

MARITIME.

CONSTRUCTIONS NAVALES. — MACHINES MARINES.

ASTRONOMIE. — HYDROGRAPHIE.

MÉTÉOROLOGIE.

ARTILLERIE ET COMBAT. — TACTIQUE NAVALE.

SAUVETAGE.

HISTOIRE ET JURISPRUDENCE MARITIMES.

OUVRAGES SPÉCIAUX POUR LES CAPITAINES AU LONG COURS
ET ÉCOLES D'HYDROGRAPHIE.

PARIS

RUE HAUTEFEUILLE, 21, PRÈS L'ÉCOLE DE MÉDECINE.

MAI 1868.

J'ai l'honneur de rappeler à Messieurs les Propriétaires et Directeurs d'usines et de chantiers maritimes, ainsi qu'aux Bibliothèques, Établissements publics, etc., etc., qu'ils trouveront dans ma maison toutes facilités de payement.

De nombreuses et grandes publications faites sous les auspices du Gouvernement, un grand matériel et un personnel spécial formé à ce genre de travaux me permettent d'entreprendre la fabrication de tous les ouvrages scientifiques soit pour mon compte, soit pour le compte des auteurs ou des Compagnies industrielles.

Je me charge également de tous les ouvrages sur les sciences dont la vente me sera confiée.

N. B. *Toute demande ne sera expédiée que si elle est accompagnée du montant en un mandat sur la poste ou toute autre valeur payable à Paris.*

ARTHUS BERTRAND, ÉDITEUR

LIBRAIRIE MARITIME ET SCIENTIFIQUE

21, RUE HAUTEFEUILLE, A PARIS.

CATALOGUE.

ALONCLE, ancien élève de l'école polytechnique, capitaine d'artillerie de marine.— **ÉTUDES SUR L'ARTILLERIE NAVALE DE L'ANGLETERRE ET DES ÉTATS-UNIS.** 1 très-fort volume de 800 pages, accompagné de 11 grandes planches et renfermant 190 figures. 12 fr.

> L'artillerie rayée en France et en Angleterre. — Opinions du commandant Robert Scott, du capitaine Fishbourne et de sir Williams Armstrong sur le meilleur canon pour la marine.—Dernières expériences de Shœburyness.—Résultats.—Conclusion. — Opinion des principaux officiers sur la valeur militaire des systèmes Armstrong. — Défense de sir W. Armstrong. — État présent de la question. — Construction des canons aux États-Unis.— Systèmes Rodmann, Treadwel, Parott et Ames.— Tables de tir des canons lisses et rayés.— Renseignements divers sur les différents systèmes Jeffry, Britten, Thomas, Lancaster, Haddam, Scott, Armstrong et Français. — Résultat final des expériences entreprises en Angleterre pour la comparaison des rayures des canons se chargeant par la bouche. — Adoption officielle sur tous les navires de la flotte du canon de marine français modifié.
>
> **Notes de l'auteur.** — Conditions indispensables au canon destiné au service de la Flotte. — Murailles cuirassées des navires. — Plaques d'armure.— Artillerie à grande puissance. — Projectiles perforants ou contondants. — Fabrique et rayure des canons et des projectiles. — Vitesse des projectiles. . Dernières expériences en France, etc., etc.

— **PERFORATION DES CUIRASSES EN FER** par les projectiles massifs ou creux, en acier ou en fonte dure, épreuves de **DIVERS SYSTÈMES** de blindage pour les navires et les casemates. In-8 avec figures dans le texte et 3 grandes planches gravées. 4 fr.

ARNAULT, lieutenant de vaisseau.— **ÉLÉMENTS DE TRIGONOMÉTRIE** à l'usage de la marine, 1 vol. in-8 accompagné de nombreuses fig. dans le texte. 3 fr.

Ouvrage autorisé par S. Exc. M. le Ministre de la marine.

ARTILLERIE (LA GROSSE) DE MARINE ET LES NAVIRES A TOURELLE. — La nouvelle artillerie de marine en France. — Les canons Blakeley. — Fabrication et manœuvre des gros canons. — Les navires à tourelle en Angleterre et aux États-Unis. — Les affûts modernes pour les canons de gros calibre. Br. in-8 accompagnée de figures dans le texte et de 6 grandes planches. 4 fr. 50 c.

ERTHELOT, consul de France. — **NOUVEAU SYSTÈME DE PÊCHE**, réservoirs de dépôts, bateaux-viviers et conservation du poisson. Broch. in-8, avec une grande planche. 1 fr. 25

ERRY (A.), lieutenant de vaisseau. — **ÉTUDE SUR LA DÉTERMINA-TION RIGOUREUSE DE LA RÉSISTANCE DES CARÈNES.** Travaux résistants du vent et de la mer rencontrant des navires. Broch. in-8. 1 fr. 25 c.

BON (DE), commissaire général de la marine.—Voyez : **PORTS MILITAIRES DE LA FRANCE.**

BONNEFOUX (DE), capitaine de vaisseau. — **VIE DE CHRISTOPHE COLOMB,** 1 vol. in-8 orné d'une vignette. 6 fr.

— **DICTIONNAIRE DE MARINE A VOILES.** *Seconde édition* entièrement refondue. 1 fort vol. grand in-8, papier jésus, accompagné de 7 planches gravées. 20 fr.

— **MANŒUVRIER COMPLET.** Traité des manœuvres de mer à bord des bâtiments à voiles et à vapeur. 1 vol. in-8 avec figures dans le texte et 2 grandes planches gravées. 7 fr.

BOUCHER. — **LE CONSULAT DE LA MER,** ou pandectes du droit commercial et maritime, des usages commerciaux et maritimes du moyen âge suivis encore en Espagne, en Italie, à Marseille et en Angleterre comme lois, et partout ailleurs comme raison écrite; précédé de l'historique des coutumes maritimes des temps anciens, suivi des pièces justificatives. 3 vol. in-8° avec des tableaux. 15 fr.

BOUCHET, inspecteur adjoint de la marine. — Voyez : **PORTS MILITAIRES DE LA FRANCE.**

BOUCLON (DE). **ÉTUDE HISTORIQUE SUR LA MARINE DE LOUIS XVI,** *Liberge de Granchain,* capitaine des vaisseaux du Roi, major d'escadre, directeur général des ports et arsenaux, etc., etc. 1 fort volume in-8. 7 fr.

BOURGOIS, contre-amiral. — **RAPPORT A SON EXCELLENCE M. LE MINISTRE DE LA MARINE SUR LA NAVIGATION COMMERCIALE A VAPEUR DE L'ANGLETERRE,** suivi de considérations théoriques et pratiques sur les appareils moteurs et les hélices, installation, arrimage et mâture. 1 vol. in-4 accompagné de 4 grandes planches gravées. 16 fr.

> Historique et statistique de la navigation à vapeur et considérations techniques. Tableaux synoptiques des contrats passés avec le gouvernement pour le transport des malles et des recettes postales qui en dérivent, états du matériel des compagnies anglaises de navigation à vapeur de long cours, et documents divers sur les compagnies transatlantiques anglaises ainsi que sur le cabotage.

— **MÉMOIRE SUR LA RÉSISTANCE DE L'EAU** au mouvement des corps et particulièrement des **BATIMENTS DE MER,** notions théoriques et fondamentales sur la résistance et formules générales. 1 vol. in-4 vélin accompagné de plusieurs tableaux donnant le résultat de toutes les expériences, et de 3 grandes planches gravées. 12 fr.

Expériences de Beaufoy sur les corps plongés et les corps flottant à fleur d'eau. Expériences de Bossut, d'Alembert et Condorcet sur les corps flottants et sur l'influence des limites du milieu. Mesure de la résistance des carènes des navires par les expériences dynamométriques de remorque, — par les expériences de traction au point fixe, — par la comparaison des coefficients d'utilisation. Vérification des valeurs de la résistance par le calcul et l'observation des coefficients d'avance des bâtiments à hélice.

BOURGOIS, contre-amiral.—**RÉFUTATION DU SYSTÈME DES VENTS DE MAURY,** in-8 accompagné de 3 pl. gravées. 4 fr. 50 c.

— **MÉTHODES DE NAVIGATION, D'EXPÉRIENCES ET D'ÉVOLUTIONS** pratiquées sur l'escadre de la Méditerranée sous le commandement de l'amiral Bouet-Willaumez. In-8. 1 fr. 50 c.

Conduite des machines et navigation en escadre. — La vitesse de l'escadre réglée par les nombres de tours des machines. — Observations du roulis. — Systèmes de transmission des ordres pendant le combat. — Expériences de gyration. — Évolution. — Nouvelle tactique.

— **NOTICE SUR LE PHÉNOMÈNE DE LA ROTATION DIURNE DES VENTS** et sur les mouvements généraux de l'atmosphère, br. in-8. 50 c.

— **NOTICE HYDROGRAPHIQUE ET PHYSIQUE SUR LA BAIE DU PEI-HO** dans le golfe de Pet-che-li, in-8 avec 6 grandes cartes. 3 fr. 25 c.

BOUTAKOFF (l'Amiral). — Voyez DE LA PLANCHE.

BRAVAIS, lieutenant de vaisseau, professeur à l'école polytechnique, membre de l'Institut.— **ASTRONOMIE, HYDROGRAPHIE ET PHYSIQUE** des *Voyages en Islande, Scandinavie, Laponie, au Spitzberg et aux Féroé*. 8 vol. grand in-8 avec un atlas de 31 planches grand in-folio. 170 fr.

On vend séparément :

Astronomie, hydrographie et marées. 1 vol. in-8 accompagné d'un atlas de 9 planches in-fol. 40 fr.

Longitudes et latitudes déterminées. — Marées observées. — Dépression de l'horizon et phénomène du mirage. — Sur les températures de la mer. — Sondages et courants dans les mers du Nord. — Phénomènes crépusculaires. — Étoiles filantes. — Densité d'eau de la mer.

Magnétisme terrestre. 3 vol. gr. in-8 avec un atlas de 8 planches in-folio. 60 fr.

Variations et mesure de la déclinaison magnétique, ainsi que l'intensité magnétique horizontale, etc.

Météorologie. 3 vol. grand in-8 avec un atlas de 6 planches in-folio. 55 fr.

Observations météorologiques faites à terre pendant les relâches et pendant l'hivernage. — Comparaisons barométriques faites dans le nord de l'Europe. — Variations et état moyen du baromètre. — Sur la température de l'air, ses variations et son état moyen. — Des températures par rayonnement. — Hygrométrie. — Nuages et vents dans le nord. — Mesure des hauteurs par le baromètre optique astronomique.

Aurores boréales. 1 vol. grand in-8 accompagné d'un atlas de 12 planches grand in-folio.   42 fr.

    Description de toutes les observations avec leurs résultats.

Historique des hypothèses faites sur la nature et la cause des aurores boréales. In-8.   2 fr.

Sur les marées observées. In-8 avec 2 planches gravées.   6 fr.

Ouvrage publié par ordre du Gouvernement.

CALVÉ, commissaire général de la marine. — Voyez : **PORTS MILITAIRES DE LA FRANCE.**

CAVELIER DE CUVERVILLE, capitaine de frégate.—**ÉTUDES THÉORIQUES ET PRATIQUES SUR LES ARMES PORTATIVES, COURS DE TIR,** à l'usage des officiers qui n'ont pu suivre les cours de l'école normale du tir de Vincennes ; développements des leçons professées à l'école normale impériale ; étude pratique des armes à feu portatives, étude théorique et pratique du tir, étude des armes rayées et de leur projectilité, études complémentaires, etc. 1 vol. accompagné de grandes planches gravées.   15 fr.

COLLOMBEL, capitaine d'artillerie de marine. — **ESQUISSES DES CONNAISSANCES INDISPENSABLES AUX OFFICIERS** qui servent dans la marine militaire et dans l'artillerie de la marine, avec des considérations sur la spécialité de ces deux armes. 1 vol. in-8.   3 fr.

COLOMB, commandant. — **LA TACTIQUE NAVALE MODERNE.** Broch. in-8 avec deux grandes planches gravées.   1 fr. 50 c.

CONSEIL, capitaine de port à Dunkerque. — **GUIDE PRATIQUE DE SAUVETAGE** à l'usage des marins. 1 vol. grand in-8 accompagné de nombreuses figures dans le texte et de 2 planches gravées.   6 fr. 50 c.

    Livre premier. — Du naufrage en général. — Cas divers. — Moyens naturels de combattre le danger.

    Livre deuxième. — Engins de sauvetage à bord des navires et leur emploi. — Moyens d'y suppléer quand on n'en est pas pourvu.

    Livre troisième. — Engins de sauvetage dans tous les ports et sur le littoral. — Personnel obligé d'un poste de sauvetage. Nomenclature des objets qui doivent former le matériel d'un poste de sauvetage côtier. Moyens de se servir de ces différents engins. — Secours à donner aux naufragés et rappeler à la vie ceux qui sont dans un état de mort apparente.

    Livre quatrième. — Procédés employés pour sauver les navires et leurs cargaisons.

Ouvrage approuvé par toutes les chambres de commerce des ports.

CORDES, enseigne de vaisseau. — **THÉORIE DES RELÈVEMENTS POLAIRES** et leur application à diverses questions de **TACTIQUE NAVALE.** In-8 avec planches gravées.   2 fr. 50 c.

    Définition d'un relèvement polaire et sa mesure. — Description du compas polaire.— Gouverner sur un relèvement polaire donné.— Description du cadran indicateur. — Emploi des routes curvilignes au point de vue de l'artillerie d'un navire.— Combat contre un point fixe.— Chasse d'un navire. — Combat.— Différents cas qui peuvent se produire. — Formation des ordres

circulaires. — Passages des différents ordres aux ordres nouveaux. — Des
ordres de front.— Conversions.— Ordres de relèvement.— Ordres de chasse
et de retraite.— Chasse par une escadre.— Conclusion.

CRISENOYE (DE), lieutenant de vaisseau. — **L'ÉCOLE NAVALE ET LÉS
OFFICIERS DE VAISSEAU.** Broch. in-8.   1 fr. 75 c.

— **LE PERSONNEL DE LA MARINE MILITAIRE** et les classes maritimes sous Colbert et Seignelay, d'après des documents inédits. Broch.
in-8.   1 fr. 75 c.

— **LÁ LIBERTÉ DE L'INDUSTRIE MARITIME** et la puissance navale
de la France. Broch. in-8.   1 fr. 50 c.

— **LA CAMPAGNE MARITIME DE 1692.** Broch. in-8.   1 fr. 75 c.

CUNNINGHAM, capitaine de vaisseau. — **MANŒUVRE MÉCANIQUE ET
NOUVELLE DISPOSITION DES VOILES** à bord des cuirassés
anglais. Broch. in-8 avec une planche gravée.   50 c.

DELACOUR, ingénieur de la marine et directeur des constructions navales des
messageries impériales. — **ÉTUDE SUR LES MACHINES A VAPEUR
MARINES ET LEURS PERFECTIONNEMENTS,** surchauffe de
vapeur, grandes détentes, condensation par surfaces, haute pression, etc.,
brochure in-8 avec figures.   2 fr.

DELAMARCHE, ingénieur-hydrographe. — **OBSERVATIONS HYDRO-
GRAPHIQUES, PHYSIQUES ET MAGNÉTIQUES** recueillies pen-
dant la campagne dans les mers de l'Inde et de la Chine, à bord de la frégate
l'Érigone. 4 vol. in-8.   64 fr.

> Cet ouvrage, où se trouvent consignées toutes les observations faites pen-
> dant le cours de ces campagnes, comprend l'itinéraire de la frégate, la liste
> des instruments employés et les tableaux des observations météorologiques,
> barométriques, thermométriques, magnétiques, d'inclinaison, de variation
> diurne, de déclinaison, d'intensité, etc., etc.

Ouvrage publié par ordre du Gouvernement.

DENAYROUSE, lieutenant de vaisseau. — **MÉMOIRE SUR L'APPAREIL
PLONGEUR ROUQUAYROL A AIR COMPRIMÉ** et instruction
sur son emploi dans la marine, in-8 accompagné de plusieurs figures sur
bois.   2 fr. 50 c.

> Principes généraux du ferme-bouche. Des pompes. Description détaillée
> du régulateur et de la pompe. Accessoires. Expériences faites sur l'appareil
> plongeur. Comparaison de l'appareil à air comprimé avec le scaphandre.
> Appareils à moyenne et haute pression. Description détaillée du compres-
> seur-compensateur et du régulateur. Calcul du compresseur-compensateur.
> Instructions générales sur l'appareil. Nettoyage des carènes des navires en
> cours de campagne. Durée du travail. Prix de revient. Économie de char-
> bon : dispositions à prendre. Conclusions des rapports des commissions
> OFFICIELLES Françaises et Étrangères.

DISLERE, ingénieur de la marine. — **NOTE SUR LA MARINE DES
ÉTATS-UNIS.** In-8 avec 3 grandes planches.   2 fr. 50 c.

> Marine des États-Unis pendant la guerre de la sécession. — Des monitors au
> point de vue nautique et au point de vue des qualités de combat. — Cuirasses.
> — Résistance des murailles cuirassées. — Différents types de monitors. — Bâ-
> timents à batteries. — Bâtiments non cuirassés. — Canonnières. — Double-
> tenders. — Bâtiments confédérés. — Marine actuelle des Etats-Unis. — Monitors
> du nouveau type. — Artillerie. — Affût Ericson. — Arsenaux.

DONEAUD, professeur à l'école navale impériale. — *Voyez* LEVOT.

Voyez **PORTS MARITIMES DE LA FRANCE.**

DUBOIS, professeur à l'école navale impériale.— **COURS DE NAVIGATION ET D'HYDROGRAPHIE.** 1 très-fort vol. grand in-8 renfermant plus de 200 grandes figures intercalées dans le texte et 9 planches gravées. 15 fr.

> De la boussole. Des connaissances des temps. Du cercle à réflexion. Du sextant et de l'octant. Des erreurs d'observations. Des chronomètres. Les régler. Détermination de l'heure vraie ou moyenne d'un lieu à l'aide d'une hauteur du soleil ou d'un autre astre. Détermination de la latitude et de la longitude. Déterminer la variation du compas. Des courants. Des cartes marines. Géodésie. Détermination des positions géographiques des sommets principaux du canevas géodésique. Du nivellement géodésique. Lever d'une carte marine et d'un plan hydrographique. Détails topographiques.

— **COURS D'ASTRONOMIE, DE GÉOMÉTRIE ET DE MÉCANIQUE CÉLESTES, ET NOTIONS SUR LES MARÉES,** à l'usage des officiers de marine, 2ᵉ *édition* revue et considérablement augmentée, 1 vol. grand in-8, avec de nombreuses figures intercalées dans le texte et 4 grandes planches gravées. 10 fr.

> Description de l'univers astronomique. Définitions astronomiques. Étude complète des phénomènes apparents. Mouvement général de la sphère céleste. Coordonnées servant à déterminer la position d'un astre dans la voûte céleste. Instruments propres à mesurer le temps, les instants et les angles. Étude des étoiles. Étude du soleil. Étude de la lune. Différents modes d'observation. Éclipses. Calculs des éclipses. Études des planètes et des satellites. Notions sur les comètes. Méthode de Bessel pour les occultations décrites par la lune. Formules de précession et de natation. Formules d'aberration. Éléments de mécanique céleste. Détermination des rapports des masses planétaires à la masse du soleil. Aberration de la lumière. Notions sur les marées.

— **DE LA DÉVIATION DES COMPAS A BORD DES NAVIRES** et du moyen de l'obtenir à l'aide du **COMPAS DE DÉVIATIONS.** Broch. grand in-8° avec de nombreuses figures. 3 fr.

> Premières observations sur les déviations des aiguilles. — Comment les fers de navires acquièrent le magnétisme.—Du plateau correcteur de Barlow. —Des compensateurs de M. Airy.— Formules analytiques de Poisson.— Modification de ces formules par M. Archibald Smith. — Moyen proposé par M. Faye. — Actions réciproques de deux aiguilles de masses très-différentes placées l'une au-dessus de l'autre.—Description du Compas de déviations.— Usage de l'instrument. — Discussion de la théorie du Compas de déviations. — Expériences faites sur le vaisseau cuirassé le *Magenta.*

—**THÉORIE DU MOUVEMENT DES CORPS CÉLESTES** parcourant des sections coniques autour du soleil, ouvrage traduit du *Theoria motus corporum* de *Gauss;* suivie de notes du traducteur. Un beau volume grand in-8 accompagné de tables et de trois planches gravées. 15 fr.

> Relations concernant une seule position dans l'orbite et dans l'espace. — Relations entre plusieurs positions dans l'orbite et dans l'espace. — Détermination de l'orbite d'après trois observations complètes. — Détermination d'une orbite d'après quatre observations, dont deux seulement sont complètes. — Détermination d'une orbite satisfaisant le plus près possible à un nombre quelconque d'observations. — Détermination des orbites, en ayant égard aux perturbations. — Tables. — Notes du traducteur. — Méthode d'Olbers pour la détermination des éléments paraboliques d'une comète, au moyen de trois observations complètes.

DUBOIS, professeur à l'école navale impériale. — **ÉTUDE HISTORIQUE SUR LES MOUVEMENTS DU GLOBE.** In-8. 2 fr.

— **L'ANNÉE ASTRONOMIQUE.** Revue annuelle des découvertes, des travaux, des instruments et appareils astronomiques récemment inventés. In-8. Année 1861. 2 fr. 50 c.

DUPERREY, capitaine de frégate, membre de l'Institut. — **OBSERVATIONS HYDROGRAPHIQUES ET PHYSIQUES** recueillies pendant son voyage autour du monde sur la corvette *la Coquille*. 3 vol. in-4 et atlas grand in-folio. 250 fr.

Hydrographie. 1 vol. gr. in-folio composé de 52 cartes et 12 feuilles de texte. 200 fr. **Physique.** 1 vol. in-4 de 294 pages, 7 planches, dont 6 cartes. — **Hydrographie.** 1 vol. in-4 de 163 planches. — **Hydrographie et physique.** 1 vol. in-4 de 333 pages. 60 fr.

> *N. B.* Ces trois parties ne se vendent pas séparément.
> Tous les savants connaissent les travaux si justement estimés de M. *Duperrey* sur le pôle nord et l'intensité magnétique ; c'est le seul ouvrage où ils se trouvent consignés.
> *Ouvrage publié par ordre du Gouvernement.*

DU TEMPLE, capitaine de frégate, directeur de l'école des mécaniciens, à Brest. — **COURS COMPLET DE MACHINES A VAPEUR** , *appareils employés pour la navigation*, ouvrage rédigé suivant le dernier programme officiel pour les différents grades des mécaniciens de la marine impériale. 2e *édition* refondue et considérablement augmentée. Un très-fort vol. in-8°, suivi d'une table alphabétique de toutes les matières, avec renvoi aux numéros où elles sont traitées, et accompagné d'un atlas renfermant 27 planches gravées sur acier, ayant chacune sa légende explicative. 17 fr.

> **Première partie.** — Introduction ou éléments de mécanique et de physique.
> **Seconde partie.** — Exposition générale des machines à vapeur marines, description de tous les types, montage, travail et régulation, entretien et réparation.
> *Ouvrage approuvé par S. Exc. M. le Ministre de la marine.*

— **INSTRUCTIONS SUR L'ENTRETIEN ET LES EXERCICES DE LA MACHINE** à bord des navires armés. Broch. 1 fr.

> Entretien des machines. — École de la machine. — Mise en marche. — Conduite de la machine. — Conduite des propulseurs. — Allumer et éteindre les feux. — Choix et embarquement du charbon. — Visites aux soutes.

— **DU SCAPHANDRE ET DE SON EMPLOI.** In-8° avec 2 pl. 2 fr.

> Circonstances dans lesquelles le scaphandre est d'un grand secours. — Description.—Usage.—Recouvrir le plongeur. — Conseils aux plongeurs. — Travaux sous-marins.—Signaux de convention.— Entretien du scaphandre.

— **RETOURS DES MANŒUVRES COURANTES SUR LE PONT D'UN NAVIRE DE GUERRE ,** représentant le pont d'un navire avec toutes les manœuvres et le nom des cordages y aboutissant. Une grande feuille jésus in-plano. 1 fr. 25 c.

ÉCOLES DE LA MARINE. — Voyez *Ministère de la marine.*

EYMIN, commissaire de la marine. — Voyez **PORTS MILITAIRES DE LA FRANCE.**

FITZ-ROY (l'amiral). — **LE LIVRE DU TEMPS**, manuel pratique de météorologie à l'usage des marins, traduit par M. MAC CLEOD, professeur au Borda. 1 vol. in-8 avec 2 grandes planches et de nombreux tableaux thermométriques et barométriques, tables de la force et de la vitesse du vent, etc., etc.   4 fr.

Ouvrage approuvé par son Exc. M. le Ministre de la marine.

FOLIN (DE), capitaine de port. — **GUIDE DU CAPITAINE ET DU PILOTE** dans les rapports qu'ils doivent avoir pour diriger un navire, recueil de toutes les communications qui peuvent être échangées entre un capitaine et un pilote dans les **PRINCIPALES LANGUES DE L'EUROPE**, disposé de telle sorte que tous deux puissent lire en même temps la même phrase; 1 fort vol. in-8.   10 fr.

> La première partie traite les différentes phases de la navigation, depuis l'abordage du navire par le pilote jusqu'à l'arrivée au port, et depuis la sortie du port jusqu'au congé que reçoit le pilote. La seconde partie est un vocabulaire comprenant les mots usités dans la marine dans les principales langues européennes.

Ouvrage approuvé par LL. Exc. MM. les Ministres de la Marine de France et de la Marine d'Italie, rendu réglementaire à bord des navires de la flotte par le Ministre de la marine des États-Unis, et approuvé par les chambres de commerce des ports de Bordeaux, le Havre, Nantes, Marseille, etc., etc.

Leitfaden für Capitaine und Lootsen.	*Guide for Captains and Pilots.*
Gids voor Kapitein en Loods.	*Guia do Capitão e do Pratico.*
Wagledare for Kaptein och Lots.	*Guia del Capitan y Practico de puerto o costa.*
Ledetraad for Captainer og Lodser.	*Guida del Capitano e del Piloto.*

— **NOTIONS THÉORIQUES** des principes sur lesquels reposent les **MOUVEMENTS** et les **ÉVOLUTIONS DU NAVIRE**. Broch. in-8 avec une planche gravée.   1 fr.

FORTS DE MER CUIRASSÉS (les), in-8 avec une planche.   1 fr. 50 c.

FOUQUE. — **NOTICE SUR LE GOUVERNAIL FOUQUE**, adopté par le conseil des travaux de la marine française, ou gouvernail supplémentaire, remplaçant au besoin et instantanément le gouvernail véritable. Rôle et importance du gouvernail. Inconvénients du gouvernail ordinaire. Gouvernail de fortune. Gouvernail de rechange. Modifications et perfectionnements au système primitif. Résumé et conclusion. In-8 accompagné de trois planches gravées.   2 fr.

FRÉMINVILLE (DE), ingénieur de la marine, professeur à l'école du génie maritime. — **COURS PRATIQUE DE MACHINES A VAPEUR MARINES**, professé à l'école d'application du génie maritime. 1 très-fort vol. grand in-8°, avec figures dans le texte, accompagné d'un atlas renfermant 100 planches.   55 fr.

> L'atlas se compose de 90 planches gravées, grand in-folio, représentant

l'ensemble des machines et tous leurs détails, avec les cotes exactes à chaque pièce, et 8 grauds tableaux numériques de comparaison, donnant la dimension juste et précise de chaque pièce. Pour chacune d'elles, l'auteur a établi la charge par centimètre carré qu'elle supporte d'un fonctionnement régulier. Ce travail, de la plus grande utilité, n'avait jamais été publié jusqu'à présent.

Ouvrage autorisé par S. Exc. M. le Ministre de la marine.

FRÉMINVILLE (DE), ingénieur de la marine, professeur à l'école du génie maritime. — **TRAITÉ PRATIQUE DE CONSTRUCTION NAVALE**, 1 fort vol. in-8 accompagné de nombreuses figures dans le texte et d'un atlas grand in-folio renfermant 14 planches gravées.　　23 fr.

> **Première partie.** — Tracé des plans de navire et calculs qui s'y rapportent.
> **Seconde partie.** — Construction en bois.
> **Troisième partie.** — Constructions en fer.
> Donnant chacune la description très-détaillée des derniers types et des derniers modèles adoptés dans la construction navale, avec tous leurs accessoires.

Ouvrage autorisé par S. Exc. M. le Ministre de la marine.

GARRAUD, capitaine de frégate. — **ÉTUDES SUR LES BOIS DE CONSTRUCTION**, 1 beau vol. in-18 accompagné de figures dans le texte.　　3 fr. 50 c.

> Formation de végétaux. — Vie des arbres. — Terrains. — Coupe. — Dessication. — Écorcement. — Vices des bois. — Qualités des bois. — Monographie des bois durs, résineux, bois blancs et bois fins. — Cubage des bois en grume, équarris, courbes. — Dendromètre. — Résistance des bois. — Conservation des bois. — Extraction des forêts. — Règles générales de recette des bois de mâture. — Tableau de l'âge moyen des arbres au moment de la coupe la plus avantageuse. — Tableau de la hauteur des arbres, de leur croissance annuelle et des terrains qui leur conviennent. — Tableau représentant les indices qui signalent les défectuosités des bois et l'influence des vices sur l'emploi ou le rejet d'une pièce. — Modèles de marchés avec le ministère de la marine.

Ouvrage autorisé par son Exc. M. le Ministre de la Marine.

GAUSS, astronome. — Voyez DUBOIS.

GERMAIN, ingénieur-hydrographe de la marine. — **TRAITÉ DES PROJECTIONS DES CARTES GÉOGRAPHIQUES**, représentation plane de la sphère et du sphéroïde, études théoriques, construction et application. 1 vol. grand in-8 accompagné de 14 grandes planches gravées.　　15 fr.

Ouvrage approuvé par S. Exc. M. le Ministre de la marine.

GIQUEL, professeur d'hydrographie. — **NOTES D'ASTRONOMIE ET DE NAVIGATION,** augmentées d'une nouvelle méthode de latitude et d'observations relatives aux chronomètres et au grossissement des lunettes. 1 vol. in-8 avec 2 planches gravées.　　5 fr.

GLOTIN, lieutenant de vaisseau. — **ESSAI SUR LES NAVIRES A RANGS DE RAMES DES ANCIENS,** in-8 avec une grande pl. gravée. 1 fr. 50 c.

GUILLOUD, professeur de mathématiques. — **THÉORIE GÉNÉRALE DES CALCULS PAR APPROXIMATION,** contenant une formule générale qui exprime l'approximation du résultat d'un calcul quelconque, dont les données ne sont connues que par approximation; diverses formules approximatives, c'est-à-dire substituant un calcul plus simple à un autre, et don nant à peu près le même résultat; avec de nombreux exemples numériques et l'application à la recherche des racines approchées des équations algébriques ou transcendantes, soit par la formule de fausse position, soit par la formule de Newton rectifiée. 1 vol. in-8. 1 fr. 50 c.

GUILLOUD, professeur de mathématiques. **— CALCULS DES DÉRIVÉES,** contenant l'introduction au calcul différentiel et au calcul intégral, la décomposition des fractions rationnelles, les quadratures, le calcul des différences, les méthodes d'interpolation, les séries, etc. 1 vol. in-8. 3 fr.

— COURS DE COSMOGRAPHIE. 1 vol. in-8 avec planches. 3 fr.

HÉBERT, commissaire de la marine. — Voyez **PORTS MARITIMES DE LA FRANCE.**

JAL, historiographe de la marine et membre du comité historique des chartres.— **ARCHÉOLOGIE NAVALE.** 2 vol. grand in-8 jésus vélin ornés de 70 vignettes gravées sur bois, **au lieu de 40 fr.** 25 fr.

KELLEY, ingénieur, à New-York. **— PROJET D'UN CANAL MARITIME** sans écluse, entre l'océan Atlantique et l'océan Pacifique, à l'aide des rivières Atrato et Truando, précédé d'une introduction sur les différents projets de communication interocéanique proposés jusqu'à ce jour, par M. *V. A. Malte-Brun*, et suivi d'une lettre de M. le baron *A. de Humboldt*. In-8 avec carte. 3 fr. 50 c.

KRANTZ, capitaine de vaisseau. **— CONSIDÉRATIONS SUR LE ROULIS DES BATIMENTS.** Brochure in-8, avec figures. 60 c.

LABROSSE, ancien officier de marine. **— TABLE DES AZIMUTS, OU RELÈVEMENTS VRAIS DU SOLEIL, CORRESPONDANT A L'HEURE VRAIE DU BORD, POUR CHAQUE PARALLÈLE DE LATITUDE ENTRE 55° SUD ET 55° NORD.** 1 vol. grand in-4, accompagné d'une traduction *anglaise, allemande* et *espagnole*. 8 fr. 50 c.

Ces tables permettent de corriger la route d'un navire à tout instant de la journée, et dispensent non-seulement de l'exécution du calcul de l'azimut, mais encore de l'observation de la hauteur du soleil.

Les quantités connues, ou arguments avec lesquels il faut entrer dans ces tables, sont : la latitude estimée du navire, la distance polaire du soleil et l'heure vraie du bord, donnée par la montre d'habitacle ou par une montre ordinaire (réglée chaque jour à midi en tenant compte du changement en longitude à raison de 4 minutes par degré). Avec ces données, on trouve immédiatement, dans les tables, le relèvement vrai du soleil correspondant.

Ainsi, pour obtenir la correction de la route du navire à un instant quelconque, il suffit de charger un matelot timonier de relever le soleil au compas, en notant en même temps l'heure de la montre. La table donne l'azimut vrai correspondant ; et une simple différence entre cet azimut et le relèvement au compas représente, comme on le sait, la correction de la route (*variation et déviation combinées*) pour le cap auquel on gouvernait, à l'instant considéré.

Ouvrage autorisé par S. Exc. M. le Ministre de la marine.

— TRAITÉ PRATIQUE DE NAVIGATION ET DE MÉTÉOROLOGIE NAUTIQUE. 1 fort vol. in-8 accompagné de 4 grandes planches gravées, de 2 cartes en couleur et de tables nautiques, table donnant la distance du navire à un point remarquable à l'aide de deux relèvements et de la route faite de l'un à l'autre, table de correction des hauteurs du soleil, table pour trouver l'heure de la pleine mer, table alphabétique des principaux lieux géographiques (1600 points maritimes) donnant les établissements du port et la montée de l'eau aux syzygies. 12 fr. 50 c.

Étude du ciel. — Notions sur les étoiles, la lune et les planètes. — Mesure du temps. — Eclipses. — Description et usage des instruments à réflexion. — Chronomètres. — Théorie et pratique des calculs nautiques. — Construction et usage des cartes marines. — Notions sur le magnétisme. — Variation et déviations des compas. — Marées. — Courants de marées de la Manche. Alizés. — Moussons. — Cyclones. — Typhons.—Vents périodiques ou généraux et courants principaux de la mer pour les océans Indien, Pacifique et Atlantique. — Orages — Paratonnerres. — Déplacement et jaugeage des navires. — Prévision du temps à l'aide du baromètre et du thermomètre. — Grandes routes maritimes du globe, d'après les documents récents. — Instruction pour entrer en Manche. — Navigation dans le détroit de Gibraltar.

Ouvrage adopté par S. Exc. M. le Ministre de la marine.

LABROSSE, ancien officier de marine.—**PRÉVISION DU TEMPS;** moyens de prévenir la direction et la force du vent, à l'aide du baromètre, du thermomètre et du psychromètre; avertissements généraux sur le temps; *manuel à l'usage des marins,* précédé de notions sur les vents réguliers, vents variables et cyclones. In-8. 1 fr. 50 c.

Ouvrage approuvé par S. Exc. M. le Ministre de la marine.

— **DÉSAIMANTATION DES NAVIRES EN FER** et réduction des déviations des compas d'après la méthode de **EVAN HOPKINS,** résultats des expériences à bord du *Northumberland* et de la *Charente.* Broch. in-8 avec grandes planches. 3 fr.

Magnétisme terrestre étudié relativement aux compas des navires en fer. — Déviations et ses remèdes. — Navires en fer et compas. — Exposé des méthodes actuellement usitées pour réduire les erreurs des compas à bord des navires en fer. — Cause apparente de l'attraction et de la répulsion des pôles, des aimants. — Magnétisme terrestre. — Déviation des compas. — Position des compas de route à bord des navires en fer. — Oscillation des aiguilles. — Compas avec barreaux recourbés. — Désaimantation des navires en fer et de leurs baux, pour réduire les déviations des compas. — Tableaux des déviations a bord du *Northumberland* et de la *Charente,* avant et après la méthode de *Hopkins.* — Discussion. — Résultats. — Conclusions.

LABROUSSE, vice-amiral. — **OBSERVATIONS SUR LES MACHINES A VAPEUR** récemment introduites dans la marine impériale. In-8 avec une grande planche. 1 fr. 25 c.

LAMBERT, professeur d'hydrographie, ancien élève de l'école polytechnique. — **DE LA LOCOMOTION MÉCANIQUE DANS L'AIR ET DANS L'EAU,** in-8 compacte. 5 fr.

LA PLANCHE (DE), capitaine de frégate. — **NOUVELLES BASES DE TACTIQUE NAVALE DES NAVIRES A VAPEUR,** ouvrage traduit du russe de l'amiral *Boutakoff,* 1 vol. in-8, avec de nombreuses figures dans le texte, et accompagné de 26 planches gravées, dont une grande partie en couleurs. 15 fr.

Ouvrage publié par les ordres de S. Exc. M. le Ministre de la marine.

— **LES NAVIRES BLINDÉS DE LA RUSSIE,** d'après les derniers documents officiels. Broch. in-8 accompagnée de 6 grandes planches donnant le plan et les lignes d'eau, les dispositions intérieures, les dispositions de la cale, le pont intérieur, les section, coupe et plan d'une tour, etc. 2 fr.

LAPPARENT (DE), directeur des constructions navales et du service général des bois de la marine. — **DU DÉPÉRISSEMENT DES COQUES DES NAVIRES EN BOIS,** et des moyens de le prévenir, in-8 avec figures dans le texte. 2 fr.

> Choix et emploi des bois. — Conservation des bois d'approvisionnement et desséchement artificiel préalable de ceux mis en œuvre. — Précautions à prendre dans le cours de la construction et préparations à appliquer au bois, soit pour neutraliser les agents de destruction, soit pour mettre les bois en état d'y mieux résister.
>
> *Ouvrage autorisé par S. Exc. M. le Ministre de la marine.*

— **ASSAINISSEMENT ET DÉSINFECTION DES CALES DE NA- VIRE** par la carbonisation, au moyen du gaz forcé ; addition au mémoire précédent. Broch. in-8. 50 c.

— **INSTRUCTION SUR LES BOIS DE MARINE ET LEUR APPLI- CATION AUX CONSTRUCTIONS NAVALES**, suivie du **TARIF OFFICIEL POUR LA RECETTE ET LE CLASSEMENT DES BOIS DE CONSTRUCTION,** 1 vol. in-4 avec fig. sur bois, accompagné : 20 fr.

> 1° D'un tarif donnant l'équarrissage au milieu et le cube, *au cinquième déduit*, des arbres dont la hauteur et le tour, au pied et sur écorce, sont connus ;
> 2° De 42 planches gravées représentant : le *dendromètre* (instrument pour mesurer la hauteur des arbres sur pied) ; des *coupes* de navire, où l'on voit la fonction, dans la charpente d'un vaisseau, de chacune des pièces qui figurent au tarif officiel ; enfin de *découpes* d'arbres indiquant le meilleur parti à tirer des arbres, d'après leurs formes et leurs dimensions, avec l'extrait du tarif officiel ;
> 3° De 16 planches lithographiées *en couleur*, montrant les qualités et les vices principaux des bois de chêne.
>
> *Ouvrage publié d'après les ordres de S. Exc. M. le Ministre de la marine.*

— **TARIFS ET TABLEAUX DIVERS POUR LE CUBAGE ET LE CLASSEMENT DES BOIS DE MARINE.** 1 vol. in-12. 3 fr.

> Tarif de recette et de classement des bois de chêne.
> Tableau des équarrissages théoriques, correspondant aux divers diamètres sur franc-bois.
> Tableau pour servir au classement approximatif des arbres sur pied jugés propres au service de la marine.
> Tableaux régulateurs des équarrissages bruts à donner aux arbres en grume.
> Tarif pour le cubage estimatif, au 1/5 déduit, des arbres sur pied.
> Tarif pour le cubage, au 1/5 déduit, des bois en grume ou équarris.
> Tarif de cubage pour les bois équarris, comprenant toutes les longueurs de 20 en 20 cent. et tous les équarrissages de 2 en 2 cent.
> Chaque tarif est précédé d'une explication détaillée.
>
> *Ouvrage approuvé par S. Exc. M. le Ministre de la marine.*

— **TARIF OFFICIEL POUR LA RECETTE ET LE CLASSEMENT DES BOIS DE MARINE,** in-4 accompagné de figures dans le texte. 1 fr. 50 c.

— **CONSERVATION DES BOIS DE LA MARINE** par la carbonisation de leurs surfaces. Brochure in-8, avec une planche. 1 fr.

LARTIGUE, capitaine de vaisseau. — **ÉTUDES SUR LES MOUVEMENTS DE L'AIR** à la surface terrestre et dans les régions supérieures de l'atmosphère, suivies du résumé des **LOIS QUI RÉGISSENT LES TEMPÊTES** et les ouragans. Broch. in-8. 1 fr. 25 c.

LAUNAY, chirurgien de la marine, médecin des prisons et du commissariat de l'émigration. — **LE MÉDECIN DU BORD**, à l'usage des capitaines et des officiers de la marine marchande. Un vol. in-12. 2 fr. 50 c.

> Règles générales pour l'examen et le traitement des malades. — Médicaments contenus dans le coffre, comprenant un numéro d'ordre, le nom du médicament, les quantités exigées suivant le nombre d'hommes d'équipage, la dose et la manière d'administrer. — Médicaments contenus dans le coffre, leurs doses, leur mode d'administration, leurs usages. — Formulaire, ou recettes diverses que l'on peut préparer avec les médicaments contenus dans le coffre.—De quelques ressources pour les malades, que l'on trouve en cours de voyage en dehors du coffre. — Observations sur les quantités de certains médicaments et sur les divisions de quelques autres.

LETOURNEUR, lieutenant de vaisseau. — **NOUVEAU GOUVERNAIL DE FORTUNE.** Broch. in-8 accompagnée d'une planche lithographiée. 1 fr. 25 c.

LEVOT, bibliothécaire du port de Brest, et DONEAUD, professeur à l'école navale impériale. — **LES GLOIRES MARITIMES DE LA FRANCE,** biographie des marins, découvreurs, ingénieurs, médecins, hydrographes, etc., les plus célèbres de la marine française, 1 fort vol. in-12. 4 fr.

LEWAL, capitaine de frégate. — **TRAITÉ PRATIQUE D'ARTILLERIE NAVALE,** 3 vol. grand in-8 avec figures dans le texte et accompagnés de dix-sept grandes planches gravées.

> **Tome 1.** — Sabords. — Champ de tir. — Appareil de pointage. — Écouvillons. — Gargousses. — Inflammations accidentelles. — Culots et crasses. — Dégradation des lumières. — Valets. — Étoupilles à friction. — Installation des vaisseaux anglais. — Données d'expérience sur le tir. — Mesure des distances. — Déviations des projectiles dues à la vitesse du navire. — Passages des poudres et des projectiles.
> Accompagné de 8 grandes planches gravées et de figures dans le texte. 20 fr.
>
> **Tome 2.** — Pointage et chargement des pièces de mer. — Manœuvres, exercices et tirs des batteries, des gaillards des vaisseaux. — Instruction d'une deuxième batterie de vaisseau. — Instruction d'une première batterie de vaisseau armée de canons rayés.
> Manœuvres des pièces d'embarcations et des batteries de canons rayés de 4 employées à terre. — Manœuvres de force à bord et à terre. — Données d'expérience sur la manœuvre et le tir des bouches à feu marines.
> Accompagné d'une planche. 8 fr.
>
> **Tome 3.** — Tir convergent. — Tir précipité. — Tir à ricochet.
> Historique des travaux relatifs au tir convergent en France et en Angleterre. — Exposition du système du tir convergent. — Discussion du système et des résultats obtenus. — Adoption réglementaire de la méthode. — Principes d'exécution du tir précipité.—Discussion.—Application.— Installation. — Examen des principes et des règles du tir à ricochet. — Justesse du tir : données d'expérience sur les déviations. — Données d'expérience sur le ricochet du projectile sphérique. — Angles de chute, angles de réflexion, perte de vitesse. — Données d'expérience sur le tir ricoché.
> Accompagné de nombreuses figures intercalées dans le texte et d'un atlas renfermant 8 planches. 20 fr.

Ouvrage autorisé par S. Exc. M. le Ministre de la marine.

LEWAL, capitaine de frégate.— **TACTIQUE DES COMBATS DE MER.**
1 très-fort vol. grand in-8 accompagné de nombreuses figures dans le texte.

> Introduction. — Bâtiments isolés. — Bâtiments réunis en escadres. — Méthode d'attaque et de défense.— Évolutions, manœuvres, emploi de l'artillerie et de la mousqueterie. — Principe d'évolution des navires à hélice. — Principes de combat.

Ouvrage autorisé par S. Exc. M. le Ministre de la marine.

LISSIGNOL, ingénieur de l'École impériale des mines, ancien ingénieur en second de la Compagnie générale transatlantique, etc. — **CONSTRUCTION ET EXPLOITATION DES NAVIRES EN FER A VOILES.** In-8 accompagné de nombreux tableaux de comparaison et de 2 grandes planches gravées. 6 fr. 50 c.

> Abrégé historique. — Les navires en fer peuvent être plus longs que les navires en bois.— A dimensions égales, les navires en fer ont une capacité et un port plus grands que les navires en bois. — Avantages des navires en fer pour les visites, l'entretien et les réparations.— Durée des navires en bois et en fer.— Sécurité des navires en fer.— Mâture et gréement en fer.— Objections aux navires en fer. — Types de navires comparés. — Dépenses d'exploitation, dépenses à l'année, au voyage, au tonneau embarqué.— Comparaison des divers prix de revient de l'unité de transport. — Conclusion. — Frais d'exploitation et prix de revient du fret pour types de navires en bois et en fer de 500 et de 790 tonneaux.—Règles du Lloyd anglais pour la construction des navires en fer.

— **LES ACCIDENTS DE MER,** moyens de les prévenir et nécessité d'une réforme dans la police maritime, 1 vol. in-8. 3 fr. 50 c.

MACHINES MARINES A L'EXPOSITION UNIVERSELLE DE 1867 (les), recueil des rapports adressés à S. Exc. Monsieur le Ministre de la marine, par les mécaniciens principaux de la marine impériale. In-8 avec 40 grandes planches.

Ouvrage publié par les ordres de S. Exc. M. le Ministre de la marine.

MAC CLEOD. — *Voyez* FITZ-ROY.

MERLIN, maître voilier, chargé de la voilerie à Toulon. — **TRAITÉ PRATIQUE DE VOILURE,** ou exposé des méthodes simples et faciles pour calculer et couper toutes espèces de voiles, 1 vol. in-8, avec figures dans le texte, et accompagné de nombreux tableaux, des qualités de toile, des grosseurs de ralingues, de coupes de laizes, de toiles, etc., etc., et de 7 grandes planches gravées. 5 fr.

> **Première partie.**—Du plan de voilure et de ce qui est relatif aux dimensions des voiles.
> **Deuxième partie.** — Du tracé et de la coupe des voiles.
> **Troisième partie.** —Confections, réparations et modifications des voiles.

MEUNIER-JOANNET, professeur à l'école navale impériale. — **COURS ÉLÉMENTAIRE D'ANALYSE** à l'usage de la marine, contenant un très-grand nombre d'applications. 1 vol. grand in-8°, avec de nombreuses figures dans le texte. 10 fr.

> Tableau des formules de trigonométrie. Complément de géométrie et d'algèbre. Notions de géométrie analytique. Éléments de calcul différentiel

et intégral. Équations diverses et applications. Géométrie à trois dimensions.
Ouvrage approuvé par S. Exc. M. le Ministre de la marine.

MEUNIER-JOANNET, professeur à l'école navale impériale. — **COURS D'ALGÈBRE ET DE TRIGONOMÉTRIE** à l'usage des écoles d'hydrographie pour les aspirants au long cours, rédigé d'après le dernier programme. 1 vol. in-8, fig. dans le texte. 5 fr. 50 c.
Ouvrage approuvé par S. Exc. M. le Ministre de la marine.

MINISTÈRE DE LA MARINE. — **LES ÉCOLES D'ENSEIGNEMENT PRIMAIRES ET PROFESSIONNELLES DE LA MARINE**, écoles des pupilles, — des mousses, — des divisions des équipages de la flotte, — des apprentis des ports, — de maistrance, — des mécaniciens de la flotte, — d'infanterie et d'artillerie de marine, — du vaisseau-école des apprentis canonniers et timoniers, — d'hydrographie. Broch. in-8. 2 fr. 50 c.

NOTICE SUR LES MÉCANICIENS ET OUVRIERS CHAUFFEURS DE LA FLOTTE, résumé des conditions d'admission, d'avancement, de solde et de retraite attribuées aux divers grades, brochure in-8. 40 c.
Publiée par le Ministère de la marine.

NOTIONS SUR LA CHALEUR, à l'usage des mécaniciens de la flotte, contenant les principes dont ils peuvent avoir besoin dans leur service journalier; explications, phénomènes, calorimétrie, combustion, tables diverses, etc., in-8. 3 fr.

MOTTEZ, capitaine de vaisseau. — **ÉTUDE SUR LE ROULIS.** Broch. in-8. 50 c.

MOUCHEZ, capitaine de frégate.— **RECHERCHES SUR LA LONGITUDE** de la côte orientale de l'Amérique du Sud. In-8 avec figures et tableaux. 5 fr.

— **HYDROGRAPHIE DES COTES DU BRÉSIL.** Broch. in-8. 50 c.

NORMAND (J. A.), constructeur de navires. — **MÉMOIRE SUR L'APPLICATION DE L'ALGÈBRE AUX CALCULS DE CONSTRUCTION DES BATIMENTS DE MER,** in-8, avec planches gravées. 1 fr. 75 c.
> Exposé d'une méthode nouvelle pour déterminer à priori les éléments principaux des bâtiments de mer.
> Formules approximatives, pouvant servir à calculer : l'acuité longitudinale de la carène, — la distance du centre de déplacement en arrière du centre de longueur, — la distance du même centre à la flottaison, la hauteur du métacentre latitudinal au-dessus du centre de déplacement, — la hauteur du métacentre longitudinal au-dessus du même centre, — la surface de flottaison, — la surface de la coque, la surface de la carène.
> Applications de la méthode. Résolutions de quelques-uns des problèmes qui peuvent se présenter à l'étude des constructeurs.

OWEN (le commandant), professeur d'artillerie à l'Académie royale de Woolwich.
— **EXAMEN COMPARATIF DU CANON A AME LISSE ET DU CANON RAYÉ** dans leurs applications à l'artillerie navale. — Armement des navires de guerre. — État actuel de la question de l'artillerie. — Conclusion. Brochure in-8, avec une planche gravée. 1 fr. 25 c.

PAGEL, capitaine de frégate. — **TACTIQUE NAVALE POUR LES NAVIRES A VAPEUR,** définitions, évolutions par contre-marche, par conversion; règles générales à suivre, comparaison des deux genres d'évolution, changement de route, etc., etc. Broch. in-8, avec une planche gravée. 1 fr.

PARIS, vice-amiral, directeur général du dépôt des cartes et plans de la marine, membre de l'Institut (Académie des sciences). — **DICTIONNAIRE DE MARINE A VOILES ET A VAPEUR,** *seconde édition* augmentée et complétement refondue; 2 vol. grand in-8, papier jésus, accompagnés de 24 planches gravées. 40 fr.

<table>
<tr><td>

VOLUME DE LA MARINE A VOILES.

Organisation militaire et administrative ;
Législation et pénalité ;
Droit international et maritime;
Arsenaux et ateliers ;
Personnel et matériel;
Construction et lancement ;
Arrimage, chargement et installation ;
Gréement, mâture et voilure;
Armement et équipement;
Amarrage a l'ancre;
Manœuvres et circonstances de mer ;
Artillerie, canonnage et armes de combat;
Bâtiments européens et extra-européens ;
Tactique navale et ordres divers ;
Notions astronomiques et météorologiques ;
Hydrographie, géodésie, cartes et instruments nautiques ;
Hygiène, police et discipline ;
Expressions familières et figurées ;
Détails particuliers et généraux relatifs à la marine à voiles de l'État et du commerce ;
Vocabulaire anglais-français des termes principaux de la marine à voiles.

</td><td>

VOLUME DE LA MARINE A VAPEUR.

Propriétés physiques de la chaleur et de la vapeur, tables ;
Nature et propriété des métaux, tables ;
Combustibles, leur qualité, leur emploi ;
Description des machines à vapeur ;
Détail de toutes leurs pièces;
Chaudières, foyers, cheminées, chauffage ;
Outils divers pour les machines;
Fonderies, forges, tour, ajustage;
Confection et montage des machines;
Conduite, dressage et entretien des machines ;
Propulseurs, hélices, roues à aubes;
Navires à vapeur, mixte et en fer;
Navigation par la vapeur;
Machines à vapeur combinées ;
Machines à air chaud ;
Notices historiques sur les principaux inventeurs;
Vocabulaire anglais-français des termes principaux de la marine à vapeur.

</td></tr>
</table>

Les deux volumes ensemble, 40 francs.

<table>
<tr><td>

Le *Dictionnaire de marine à voiles*, accompagné de 7 planches gravées. 20 fr.

</td><td>

Le *Dictionnaire de marine à vapeur*, accompagné de 17 planches gravées. 22 fr.

</td></tr>
</table>

Ouvrage publié sous les auspices de S. Exc. M. le Ministre de la marine.

— **L'ART NAVAL, EN 1867, A L'EXPOSITION UNIVERSELLE DE PARIS,** état actuel de la marine, description et inventions maritimes des derniers perfectionnements, 1 très-fort vol. grand in-8 suivi d'une grande table alphabétique de tous les articles avec renvoi aux numéros où ils sont traités et accompagné d'un bel atlas renfermant 50 planches in-folio grav.

Navires cuirassés. — Navires à tourelles.— Blindages. — Construction. — Tactique de combat. — Paquebots. — Canots à vapeur. — Embarcations. — Bateaux plongeurs. — Bateaux de sauvetage. — Différents systèmes de construction composite en bois et en fer. — Appareils plongeurs. — Lampes sous-marines. — Ceintures de sauvetage.— Procédés les plus nouveaux pour la conservation et le nettoyage des carènes. — Mâtures en fer. — Machines marines. Chaudières. — Détails divers. — Propulseurs. — Voilures. — Cabestans. — Chaînes. — Ancres. — Trace-vagues et trace-roulis. — Oscillomètres. — Maréographes. — Locks. — Bouées. — Détails divers, et procédés les plus nouveaux, etc., etc. — Artillerie nouvelle.

— **L'ART NAVAL, EN 1862, A L'EXPOSITION UNIVERSELLE DE LONDRES,** description et discussion de tout ce que l'exposition présentait de plus remarquable dans la marine. 1 vol. in-4 suivi d'une grande table alphabétique de tous les articles et de toutes les figures avec renvoi aux numéros où ils sont traités, et accompagné d'un bel atlas renfermant 21 planches in-folio gravées. 20 fr.

PARIS, vice-amiral, directeur général du dépôt des cartes et plans de la marine, membre de l'Institut (Académie des sciences). — **SUPPLÉMENT A L'ART NAVAL, OU DERNIÈRES INVENTIONS MARITIMES,** d'après des documents récents. In-8 accompagné d'une table alphabétique des matières avec renvoi aux numéros, et de onze grandes planches gravées. 4 fr. 50 c.

> Navires à tourelle du capitaine Coles. — Navires à tourelle américains. — Navires partiellement cuirassés de M. Reed. — Navires à réduit central du capitaine Symonds. — Manœuvre mécanique des canons, par le capitaine Cunningham. — Canon sous-marin du capitaine Coles. — Le Royal-Sovereign. — L'Entreprise. — Dernières constructions. — Dernières expériences, etc., etc.

— **NOTE SUR LES NAVIRES CUIRASSÉS.** Broch. in-8 accompagnée d'une lithographie et de 2 planches gravées. 3 fr.

— **DESCRIPTION ET USAGE DU TRACE-VAGUE ET DU TRACE-ROULIS.** Broch. in-8 avec 2 grandes planches. 2 fr. 50 c.

— **CATÉCHISME DU MARIN ET DU MÉCANICIEN A VAPEUR,** ou traité des machines à vapeur marines, de leur montage, de leur conduite, de la réparation de leurs avaries ; 2° édition augmentée de la manœuvre des navires à roues à aubes ou à hélice, et d'une grande table alphabétique de tous les articles, avec renvoi aux numéros où ils sont traités. In-8 grand raisin avec de nombreuses figures dans le texte. 16 fr.

Ouvrage publié sous les auspices de S. Exc. M. le Ministre de la marine.

— **APPENDICE AU CATÉCHISME DU MARIN ET DU MÉCANICIEN A VAPEUR,** ou guide théorique du candidat au long cours, rédigé conformément au dernier programme, et description de divers appareils à vapeur marins avec toutes leurs pièces. In-8 accompagné de 10 planches gravées, avec plusieurs figures sur bois. 3 fr. 50 c.

— **TRAITÉ DE L'HÉLICE PROPULSIVE.** 1 vol. in-8 jésus de 580 pages, avec 9 grands tableaux et figures dans le texte, suivi d'une table alphabétique de tous les articles, avec renvoi aux numéros où ils sont traités, accompagné de seize grandes planches gravées. 22 fr.

Ouvrage publié sous les auspices de S. Exc. M. le Ministre de la marine.

— **UTILISATION ÉCONOMIQUE DES NAVIRES A VAPEUR,** moyens d'apprécier les services rendus par le combustible suivant la vitesse et la dimension des navires. 1 vol. grand in-8 accompagné de 25 tableaux et 12 grandes planches gravées, exposant les résultats des expériences et du service à la mer des navires. 8 fr.

— **MANŒUVRIER COMPLET** ou traité des manœuvres de mer et du gréement, à bord des bâtiments à voiles et à vapeur; par MM. le baron *de Bonnefoux* et *E. Pâris.* 1 vol. in-8 avec figures dans le texte et accompagné de deux grandes planches gravées. 7 fr.

— **ESSAI SUR LA CONSTRUCTION NAVALE DES PEUPLES EXTRA-EUROPÉENS,** ou collection des navires et pirogues construits par

ANNALES

DU

SAUVETAGE MARITIME

REVUE MENSUELLE ILLUSTRÉE

FONDÉE EN 1866

Publiée sous les auspices de la Société centrale, et sous la direction d'une commission composée de :

MM. REYNAUD, Inspecteur général des Ponts et Chaussées, Directeur des Phares ;
DUMOUSTIER, chef de division au Ministère de l'agriculture, du commerce et des travaux publics ;
HENNEQUIN, Trésorier général des Invalides de la Marine ;
JULES DE CRISENOY, Secrétaire de la rédaction.

De nombreuses sympathies ont accueilli la fondation de la Société centrale de sauvetage des naufrages tant en France qu'à l'étranger. Placée sous le haut patronage de l'IMPÉRATRICE, cette institution compte déjà plusieurs milliers d'adhérents, associés dans une pensée commune d'humanité, et dont il importe de resserrer les liens par des communications régulières.

Tel est le principal but de cette revue, qui s'adresse aussi au public, surtout aux marins et aux navigateurs.

Chaque numéro renferme :

UNE CHRONIQUE, contenant le résumé des faits intéressant le sauvetage des hommes et des navires, la navigation en général, les inventions de procédés ou d'appareils de nature à augmenter la sécurité des marins ;

UN BULLETIN MÉTÉOROLOGIQUE, rédigé par MARIÉ-DAVY, dans lequel se trouvent résumés les phénomènes météorologiques remarquables du mois ;

DES DOCUMENTS INÉDITS, Articles, Mémoires, Rapports ayant trait aux naufrages, à la navigation, à l'éclairage et au balisage des côtes de France, aux progrès des Sociétés de sauvetage à l'étranger, aux Sociétés de prévoyance pour les marins, aux Sociétés coopératives et de secours mutuels entre les marins ou pêcheurs, etc.

Les *Annales du Sauvetage maritime* paraissent régulièrement tous les mois, et forment, chaque année, un beau volume de 400 pages, orné de planches et de cartes quand les sujets l'exigent.

On ne peut souscrire pour moins d'une année, et toute souscription est comptée à partir du mois de janvier de l'année dans laquelle elle est faite.

PRIX DE L'ABONNEMENT :

Pour Paris. . . . . 6 fr.

Pour les départements. .	7 fr. 20	**Pour les colonies.**	10 fr. 20
Pour l'étranger.	8 50	**Pour l'Amérique.**	12 »

CONSOMMATION

DE COMBUSTIBLE

DES

MACHINES A VAPEUR MARINES

(C.)

DE COMBUSTIBLE

MACHINES A VAPEUR MARINES

1. La présente note a pour objet de comparer la consommation en charbon théoriquement nécessaire pour la production d'un cheval-vapeur de 75 kilogrammètres, à la consommation réelle observée dans les expériences d'épreuves sur nos bâtiments à vapeur, puis d'indiquer autant que possible la cause des différences constatées entre ces deux nombres et la marche à suivre pour rendre nos machines de plus en plus économiques.

La détermination de la consommation théorique, sur laquelle nous donnerons toutes les explications nécessaires, a été faite en employant en outre des résultats d'expériences des physiciens concernant la puissance calorifique du charbon et les propriétés de la vapeur, les formules données par M. Combes dans sa *Théorie mécanique de la chaleur*. La consommation pratique considérée a été celle des expériences de recettes des machines dont on possède aujourd'hui un nombre considérable. Mais il ne faut pas oublier que ces expériences ne sauraient guère conduire en général à des résultats parfaitement comparables entre eux. La qualité du combustible et l'habileté plus ou moins grande des chauffeurs sont une première cause de variations qu'il est impossible de chiffrer. L'appréciation de la quantité de charbon réellement consommé pendant les quelques heures que dure l'essai est une autre cause d'erreur résultant de la difficulté d'estimer exactement si les foyers sont à la fin de l'expérience dans le même état qu'au commencement — Enfin il existe encore d'autres circonstances indépendantes de l'appareil lui-même, et qui influent sur les résultats sans qu'on puisse en mesurer l'importance.

Quoi qu'il en soit et malgré leur incertitude, les chiffres dont nous devons faire usage en ce qui concerne les consommations réelles ne peuvent manquer de nous fournir souvent des indications précieuses sur les conditions à observer dans l'établissement des machines.

D'ailleurs afin de dégager autant que possible l'influence de la chaudière de celle de la machine proprement dite, et de rendre dans les différents cas à chacune de ces parties distinctes de l'appareil ce qui lui appartient, nous examinerons successivement :

1° Le rendement en kilogrammes de vapeur du kilogramme de charbon, qui est dû à la chaudière ;

2° Le rendement en chevaux de 75 kilogrammètres mesurés sur les pistons du kilogramme de vapeur ou du kilogramme de charbon, qui dépend surtout de la machine.

RENDEMENT DU KILOGRAMME DE CHARBON EN KILOGRAMME DE VAPEUR.

2. D'après une formule généralement admise aujourd'hui, et qui est due à M. Regnault, la quantité de chaleur nécessaire pour transformer un kilogramme d'eau à $t°$ en vapeur saturée à la température $T°$ a pour mesure en calories

$$606,5 - t + 0,305 \text{ T}.$$

La température de l'eau d'alimentation est approximativement de 15° si l'on puise l'eau à l'extérieur, et de 40° si l'on prend l'eau de condensation.

Quant à **T** température de la vapeur, elle est :

De 120° à très-peu près pour . . . . 2 atmophères
De 134°   —   —   — 3   —
De 150°   —   —   — 5   —
De 165°   —   —   — 7   —

au moyen de ces données on établit le tableau suivant exprimant la dépense à faire en calories par kilogramme de vapeur pour les circonstances ordinaires des machines :

PRESSION absolue à la chaudière.	TEMPÉRATURE DE L'EAU.	
	15 degrés.	40 degrés.
atm. 2	628	603
3	632	607
5	637	612
7	642	617

Ainsi, dans les limites usitées, la pression n'a pas une très-grande influence sur la chaleur dépensée. La température de l'eau d'alimentation a un effet plus sensible ; mais cette température ne nous est pas toujours rigoureusement connue dans les expériences dont nous disposons. — Nous supposerons donc, et cela est suffisant eu égard à la nature approximative des résultats que nous pouvons espérer obtenir, que la quantité de chaleur à dépenser dans les chaudières pour obtenir un kilogramme de vapeur sera moyennement :

De 630 calories avec de l'eau prise à l'extérieur et de 605 calories avec de l'eau de condensation.

3. D'après les expériences faites au moyen du calorimètre, la quantité de calories produites par la combustion d'un kilogramme de houille varie suivant la qualité du combustible entre 6,500 et 8,000. Pour une houille moyenne on admet 7,500 (1).

Mais chaque kilogramme de charbon exige dans nos foyers 18 mètres cubes d'air et les gaz produits entraînent avec eux une notable quantité de chaleur dépendant de leur température. Si le tirage est obtenu par des procédés mécaniques, on pourra n'abandonner les gaz que lorsqu'ils n'auront plus guère que la température de la vapeur, soit 150° et même au-dessous en chauffant séparément l'eau d'alimentation. Mais si l'appel de l'air doit être déterminé par une cheminée, les gaz y devront généralement pénétrer à 250 ou 300°, température à laquelle correspond le maximum de tirage. Dans le premier cas on perdra 0,125 environ de la chaleur produite et dans le second 0,230.

Donc le kilogramme de houille moyenne donnera seulement :

Avec tirage forcé. . . . .   6560 calories
Avec tirage par cheminée   5775   id.

En combinant ces chiffres avec ceux du paragraphe précédent nous obtenons le tableau suivant :

	QUANTITÉ THÉORIQUE DE VAPEUR produit par kilogr. de houille moyenne	
	avec tirage forcé.	avec tirage produit par une cheminée.
Avec de l'eau à la température ordinaire environ 15°.	kilog. 10,41	kilog. 9,16
Avec de l'eau de condensation environ 40°.	10,84	9,54

(1) Ces chiffres et les suivants sont extraits du *Traité de la chaleur* de Péclet.

*Rendement dans les essais à l'eau douce des chaudières
de la marine impériale.*

1. Le rendement ou la production de vapeur par kilogramme de charbon dépend non-seulement de la chaudière,
mais beaucoup aussi de la qualité du combustible, de la manière dont les feux sont conduits, et enfin des circonstances
extérieures qui peuvent influer sur le tirage. Nous avons
heureusement, pour dégager le rendement de ces diverses circonstances, les épreuves de charbon de la marine qui sont
faites depuis un certain nombre d'années dans tous les ports
sur une chaudière identique à celles de nos bâtiments. Ces
épreuves, d'ailleurs conduites avec soin, sont en très-grand
nombre, et l'on peut en déduire des chiffres qui doivent nous
donner exactement la production correspondant au cas d'une
chauffe bien dirigée et de circonstances extérieures moyennes.

En examinant les nombreux résultats dont il s'agit, on
trouve que pour la chaudière type bas, qui est celle des
épreuves, et en écartant les charbons absolument mauvais, le
kilogramme de combustible donne en alimentant avec de l'eau
à 10 ou 15°.

Houille médiocre . . . . 6,^{k}50
Houille moyenne 7, 50
Bonne houille. 8, 50

Comme les rendements en chevaux avec machines simi-
laires des chaudières type bas et des chaudières type haut
se trouvent à peu près dans le rapport des surfaces de grille,
on peut en conclure que la production en vapeur par kilogramme de combustible de ces deux appareils doit être sensiblement la même, et que les chiffres ci-dessus s'appliquent
à toutes les chaudières actuellement en usage sur nos navires
de guerre.

En nous tenant pour le moment au cas de la houille
moyenne, nous voyons qu'en pratique nous n'obtenons que

$7^k,5o$ au lieu du chiffre théorique de $9^k,16$. — Cette différence indique évidemment une perte de chaleur; et cette perte est due, partie à une combustion imparfaite et au rayonnement, partie à la température des gaz à leur entrée dans la cheminée qui est supérieure à ce que nous avons supposé.

On trouve en effet, au moyen de petits lingots de métaux fusibles, que dans le cas où l'on emploie une houille moyenne fournissant $7^k,5o$ la température de la fumée à la naissance de la cheminée s'élève à $400°$ (1) environ. Or dans ce cas les gaz emportent avec eux $0,344$ de la chaleur produite, et il n'y a plus de disponible que $4,920$ calories; nous en retrouvons dans la vapeur $630 \times 7,5 = 4{,}725$. — Donc nous perdons par le rayonnement, par les escarbilles et par l'imperfection de la combustion 195 calories sur $7,500$, c'est-à-dire $0,025$ — Cette perte n'est certainement pas exagérée, et si l'on doit chercher un perfectionnement à nos chaudières, c'est dans le refroidissement plus complet des gaz. Nous reviendrons plus loin sur cette question.

Rendement des chaudières alimentées à l'eau de mer.

5. A bord et en marche les chaudières sont alimentées avec de l'eau de condensation à $40°$ et la production de vapeur par kilogramme de houille moyenne devrait être

$$7^k,5 \times \frac{630}{605} = 7^k,8 \text{ au lieu de } 7^k,5.$$

— Mais par contre l'emploi de l'eau de mer oblige à des extractions, et entraîne la perte du calorique employé à échauffer l'eau rejetée.

Le plus généralement sur les navires de guerre on règle l'ouverture des robinets de telle sorte que la saturation à chaud mesurée au moyen du salinomètre en métal soit de

---

(1) Cette température est moindre quand il s'agit d'une houille médiocre fournissant peu de vapeur, et au contraire plus grande avec une bonne houille.

2°,5 à 3°. — Il est probable que c'est là une extraction trop forte. Le sulfate de chaux se dépose aussitôt que l'eau est à la température de la chaudière ; les choses ne se passent donc pas pour cette substance comme s'il s'agissait d'une dissolution, et il faut s'attendre à avoir des dépôts d'autant plus abondants qu'on aura introduit plus d'eau. L'expérience semble en effet avoir démontré que les chaudières marchant à 4° ou 5° de saturation s'encombrent moins vite de dépôt qu'avec la saturation de 2° 1/2 à 3° qui paraît adoptée dans la marine militaire.

Quoi qu'il en soit, puisque ce dernier chiffre est généralement suivi dans nos essais de machines, c'est lui qu'il convient de prendre pour point de départ de nos estimations. Or il résulte des expériences faites en 1866 sur la machine du Cher par MM. les ingénieurs Joessel et Thibaudier, expériences qui paraissent avoir été exécutées avec toutes les précautions désirables, qu'en comparant les consommations par cheval à diverses allures, obtenues, d'une part en alimentant avec l'eau douce à la température ambiante et d'autre part en employant l'eau de mer de condensation avec extraction à 2°,5 de saturation, on constate que le premier mode d'alimentation donne sur le second une économie de 11 à 22 p. 100, et en moyenne de 18 p. 100. De sorte qu'en tenant compte des différences de température de l'eau d'alimentation, la perte par extraction s'élèverait en réalité à 21 ou 22 p. 100 (1).

Ainsi avec l'eau de mer de condensation et notre système d'extraction il faut compter que nos chaudières ne doivent

---

(1) La théorie indiquerait une perte moindre. Si elle s'est trouvée aussi importante, c'est que les indications du saturomètre ne donnent pas nécessairement avec exactitude la mesure de l'eau extraite. — Les ingénieurs anglais admettent que l'emploi du condenseur à surface procure une économie de 10 à 12 p. 100. Comme ils extraient moins que nous, leurs pertes avec les condenseurs ordinaires sont nécessairement moindres, et cela peut justifier jusqu'à un certain point la différence qu'il y a entre notre nombre et le leur.

guère donner par kilogramme de houille moyenne que $6^k,3o$ à $6^k,6o$ de vapeur.

Avec un condenseur à surface laissant, comme dans le cas précédent, l'eau d'alimentation à 40° et permettant de supprimer les extractions, on aurait $7^k,8o$. Les machines munies de ce système de condensation doivent donc présenter un avantage considérable ; et cet avantage, très-sensible dans des expériences d'essai, doit augmenter encore en service parce que la chaudière alimentée d'eau douce n'est plus exposée aux dépôts qui forcément viennent réduire assez vite la production de l'autre chaudière.

Conclusions.

6. Le tableau comparatif ci-après a été dressé en partant des chiffres et considérations qui précèdent, et en admettant en ce qui concerne la production théorique que les valeurs calorifiques des houilles étaient :

Houille médiocre . . . . 7000 calories.
Houille moyenne . . . . 7500 —
Houille bonne . . . . 8000 —

L'eau d'alimentation est supposée dans tous les cas à 40°.

	QUALITÉ DE LA HOUILLE.		
	Médiocre.	Moyenne.	Bonne.
Production théorique.	kil.	kil.	kil.
Avec tirage forcé et gaz abandonnés à 150°...	10,08	10,80	11,52
Avec cheminée et gaz chauds abandonnés à 250°.	8,82	9,45	10,08
Production réelle de nos chaudières avec une chauffe bien conduite.			
Alimentation d'eau douce.	6,76	7,80	8,84
Alimentation d'eau de mer avec extraction à 2°,5 supposant 15 0/0 de perte seulement. . .	5,75	6,63	7,52

On voit que la production réelle est notablement inférieure

au rendement théorique. Ainsi avec la houille moyenne nous n'avons que 6^k,63 de vapeur au lieu de 9^k,45, soit 30 p. 100 en moins de ce que l'on devrait avoir.

L'énorme différence qui existe entre les deux chiffres tient surtout, ainsi que nous l'avons montré, à l'usage des extractions et à la perte d'une portion de chaleur entraînée inutilement dans l'atmosphère avec la fumée.

A la première cause il est aujourd'hui possible de remédier en employant les condenseurs à surface qui sont maintenant des appareils parfaitement pratiques, très-répandus en Angleterre et en Amérique et déjà appliqués dans la marine commerciale française.

Quant à la seconde cause, il semble tout d'abord que pour diminuer son influence il suffirait d'augmenter l'étendue de la surface de chauffe; mais il arriverait alors que dans le cas où l'on aurait des charbons médiocres ou même mauvais, les gaz n'auraient plus, en arrivant à la cheminée, une chaleur suffisante pour donner un bon tirage (1). — Et puis dans un navire l'accès de l'air est toujours plus ou moins gêné et exige en conséquence un appel relativement plus énergique.

Ce moyen ne produirait donc pas vraisemblablement un effet avantageux.

Du reste, les chaudières de terre donnant plus de 8^k,50 de vapeur par kilogramme de combustible avec de l'eau à la température ordinaire et un tirage par cheminée, sont fort rares; et lorsqu'on obtient des chiffres plus élevés, il faut se méfier des entraînements d'eau qui bien souvent viennent augmenter en apparence le rendement des appareils évaporatoires.

En résumé, nos chaudières marines sont comme production aussi bonnes que les meilleures chaudières tubulaires mar-

_____

(1) Des expériences faites sur les chaudières d'essais de charbons montrent que la température des gaz à la naissance de la cheminée diminue avec le rendement en vapeur et partant avec la puissance calorique du charbon.

chant sans tirage forcé ; mais on augmentera très-notablement leur rendement en adoptant désormais les condenseurs à surface qui ont suffisamment fait leurs preuves.

Accroître davantage cette production n'est pas chose impossible puisqu'il resterait encore à gagner peut-être 20 p. 100 ; seulement ce gain ne s'obtiendra certainement qu'en employant le tirage forcé, et l'expérience n'en est pas encore faite.

DÉPENSE EN VAPEUR ET EN COMBUSTIBLE NÉCESSAIRE A LA PRODUCTION SUR LES PISTONS D'UN CHEVAL DE 75 KILO-GRAMMÈTRES.

Rendement théorique maximum des machines à gaz et à vapeur.

7. Il est très-généralement admis aujourd'hui que l'équivalent mécanique de la chaleur est de 424 kilogrammètres environ ; ce qui veut dire qu'une calorie est capable théoriquement de produire 424 kilogrammètres et réciproquement qu'il faut 424 kilogrammètres pour développer une calorie.

Mais il ne faut pas conclure de là que ce chiffre représente la quantité de travail théorique que la chaleur pourrait fournir dans nos machines à gaz ou à vapeur.

Il s'en faut de beaucoup, et cela tient à ce que les fluides élastiques qui servent d'intermédiaire entre la chaleur et nos machines, ne sauraient abandonner sous forme de travail toute la quantité de calorique qu'ils ont reçue, qu'autant que leur détente serait poussée presqu'à la limite ou leur température arriverait au zéro absolu (273 au-dessous du zéro ordinaire).

Dès l'instant qu'un pareil abaissement n'est pas possible et qu'il faut s'en tenir forcément à la température ambiante *t* comme température minima, la quantité de chaleur transformable en travail n'est plus qu'une fraction $\dfrac{T-t}{273+T}$ de la quantité totale de chaleur dépensée Q.

Dans cette expression T est la température maxima du fluide élastique gaz ou vapeur, et on reconnaît de suite qu'il y aurait avantage à l'avoir aussi élevée que possible ; mais on est limité par l'obligation de ne pas trop laisser chauffer les organes de nos machines, afin d'empêcher leur détérioration.

Il en résulte que de même que t a une limite inférieure qui sera 20° à peu près, T a une limite supérieure que nous pourrons supposer de 200°. La fraction de chaleur utilisée sera donc $\dfrac{200-20}{473}=0{,}378$, et enfin le travail possible par unité de chaleur :

$$424 + 0{,}378 = 160 \text{ kilogrammètres.}$$

Telle est la valeur à laquelle se réduit la quantité de travail que l'on pourrait théoriquement obtenir d'une calorie, par suite de l'emploi des gaz ou vapeurs et de la nécessité de maintenir leurs variations de température entre les limites de 200° et 20°.

Rendement théorique maximum des machines à vapeur à conden-sation et particulièrement des machines marines.

8. Lorsqu'on fait usage de la vapeur d'eau, la température supérieure acceptée est encore plus basse que celle supposée plus haut, et cela, entre autres raisons, parce qu'à 200° la tension de la vapeur dépassant 14 atmosphères, exigerait des enveloppes très-résistantes et augmenterait les chances d'accidents.

Dans les machines à terre on ne dépasse guère 7 atmosphères, et à peine atteint-on 5 atmosphères, dans les machines marines. La température T est dans le premier cas de 165°, dans le second 134°. Si donc nous admettons comme précédemment que la condensation ait lieu à une température de 40°, on aura pour travail maximum de la vapeur par calorie dépensée

$$\text{à 7 atmosphères } 424 \times \frac{165 - 40}{273 + 165} = 119 \text{ kilogrammètres.}$$

$$\text{à 3 atmosphères } 424 \times \frac{134 - 40}{273 + 134} = 95 \quad \text{Id.}$$

Le cheval de 75 kilogrammètres représentant un travail par heure de 270,000 kilogrammètres, on voit qu'il faudra pour développer pendant une heure une force d'un cheval :

Avec la vapeur à 7 atm	2,277 calories
— à 3 atm.	2,842 —

Afin de mieux saisir la signification de ce résultat transformons les calories en kilogrammes de charbon, et pour cela admettons qu'il s'agit d'une houille moyenne donnant 7,500 calories, mais que le tirage à l'aide d'une cheminée entraîne une perte d'un quart, ce qui n'a rien d'exagéré. Nous trouvons ainsi que le cheval coûtera par heure :

Avec la vapeur à 7 atm	$0^k,40$
— à 3 atm	0,50

Diagramme théorique du travail développé sur le piston.

9. La réalisation du maximum de travail d'une machine à gaz ou à vapeur suppose que l'on opère de la manière suivante. Le gaz se dilate d'abord au contact d'une source de chaleur ayant la même température que lui, T, et à laquelle il prend une quantité de chaleur Q ; puis on le laisse se détendre sans lui fournir d'autre calorique jusqu'à ce qu'il n'ait plus que la température t de la source condensante avec laquelle on le met en contact. A partir de ce moment on comprime et l'on enlève au gaz une certaine quantité de chaleur $Q' < Q$, choisie de telle manière que la compression continuant le gaz revienne exactement aux conditions de température et de quantité de chaleur dans lesquelles il se trouvait au départ.

Dans nos machines à vapeur on n'opère pas ainsi, et la
vapeur, au lieu de revenir à la chaudière après une compression lui restituant sa température primitive, y est renvoyée
à l'état d'eau ayant seulement la température du condenseur.
Cette restitution se fait au moyen d'une pompe dont le fonctionnement entraîne une certaine dépense de travail. Quant
au diagramme de la puissance développée ou force indiquée
sur le piston, il présente une figure telle que ABCDO sur laquelle nous avons marqué la pression atmosphérique par la
ligne XY — AB est le volume de vapeur introduit, BC une
courbe ayant pour ordonnées les pressions et pour abscisses
les volumes pendant la détente supposée poussée jusqu'à fin
de course, enfin OD est la pression pendant la communication
avec le condenseur. Il est évident que si nous connaissions la
courbe BC des tensions pendant la détente, d'un kilog. de
vapeur, nous pourrions facilement mesurer la surface du dia

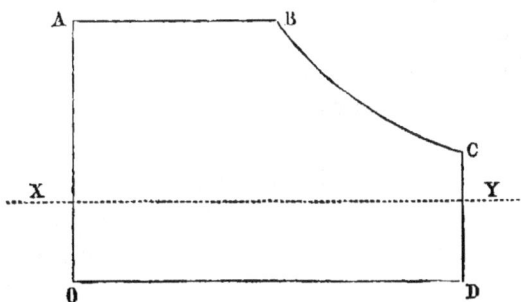

gramme pour toutes les différentes introductions, tensions du
condenseur, etc.

A l'aide des formules données par M. Combes, dans sa
Théorie mécanique de la chaleur, il est possible de déterminer

2

par points et de tracer cette courbe de détente, et c'est ce
que nous avons fait :

1° Pour 1 kilogramme de vapeur saturée sèche à trois
atmosphères ; 2° pour une vapeur humide à trois atmosphères
composée de 1 kilogramme de vapeur sèche et de 0^k,250 d'eau ;
et 3° pour un kilogramme de vapeur à trois atmosphères surchauffée à 170°.

*Comparaison entre les rendements de la vapeur saturée sèche de la
vapeur humide, et de la vapeur surchauffée, employées dans un
cylindre théorique ne pouvant communiquer ni absorber le
calorique.*

10. Ces courbes nous permettent de nous rendre compte
du travail qu'on pourrait obtenir en employant la vapeur à trois
atmosphères, soit saturée sèche, soit additionnée d'un quart
de son poids d'eau et par conséquent très-humide, soit enfin
surchauffée à 170°, température qu'il ne paraît pas prudent
de dépasser en pratique. Mais il doit être bien entendu que
nous raisonnons ici dans l'hypothèse où les enveloppes se
comporteraient comme une matière complétement indifférente
au calorique.

La surface comprise entre les courbes en question, l'axe
des x, l'axe des y est une ordonnée placée de manière à cor-
respondre aux introductions de 0,1, 0,2, 0,3..., etc., nous
donne en kilogrammètres le travail positif développé sur le
piston. Le travail négatif ou résistant dû à la compression a
été calculé en supposant la condensation faite à 40°.

Quant à la quantité de calorique dépensée par kilogramme
de vapeur en employant de l'eau d'alimentation à 40°, elle
est :

Pour la vapeur saturée sèche de . . . .   607 calories
Pour la vapeur humide 607 + 0.25 (133,91 — 40) soit.   630,5
Pour la vapeur surchauffée à 170° 607 + 17,34 soit. .   624,34

A l'aide de ces données nous avons dressé le tableau suivant :

Introduction en dixièmes.	TRAVAIL EN KILOGRAMMÈTRES AVEC LA VAPEUR A 3 ATMOSPHÈRES					
	par kilogramme de vapeur.			par 1000 calories en alimentant à 40°.		
	Vapeur saturée.	Vapeur très-humide	Vapeur surchauffée.	Vapeur sèche.	Vapeur très-humide.	Vapeur surchauffée.
1	49800	50670	52520	81190	80360	84130
2	42250	42680	44510	69600	67690	71300
3	36890	37120	39080	60770	58870	62600
4	32610	32740	34700	53720	51930	55580
5	29230	29300	31200	48150	46470	49980
6	26410	26450	28340	43510	41950	45400
7	23900	23920	25710	39370	37940	41180
8	21540	21550	23490	35490	34180	37630
9	19540	19550	21350	32190	31010	34200
10	17730	17730	19400	29210	28120	31080

L'examen des chiffres contenus dans ce tableau nous amène aux conclusions suivantes :

Un kilogramme de vapeur additionné d'eau donne un peu plus de travail qu'un kilogramme de vapeur saturée sèche, et cela tient à ce que pendant la détente l'eau entraînée abandonne une partie de sa chaleur et la cède à la vapeur. Il résulte de cette circonstance que le travail par unité de calorique reste à peu près le même dans les deux cas, et que lors même que la proportion d'eau atteindrait 20 p. 100, chiffre considérable bien supérieur à ce qui peut se présenter dans la pratique, la perte due à l'emploi de la vapeur humide serait de 3 à 4 p. 100 seulement.

L'expérience semble cependant avoir démontré que la présence de l'eau dans la vapeur entraîne une diminution de la puissance d'une machine; mais cette diminution ne peut être attribuée à une moindre efficacité de la vapeur humide.

Il faut l'expliquer en admettant que l'eau entraînée séjourne en partie dans le cylindre, et qu'elle y joue un rôle analogue à celui des parois que nous examinerons plus loin.

L'examen du tableau, en ce qui concerne la vapeur surchauffée, nous montre que l'emploi de cette dernière présente un certain avantage à égalité de calorique dépensé. L'avantage est encore plus prononcé si, remarquant que la chaleur de surchauffe est obtenue sans dépense réelle à l'aide des gaz chauds de la cheminée, on ne tient pas compte de cette dépense. D'après cette manière de voir, ce sont les rendements du kilogramme de vapeur qu'il faut comparer, et l'on constate alors que la vapeur surchauffée doit procurer une économie de 7 à 8 p. 100.

Dans la pratique on a trouvé quelquefois une différence beaucoup plus grande, s'élevant dans certaines circonstances jusqu'à 30 p. 100. Ce qui précède prouve que l'avantage, quand il atteint un chiffre aussi haut, n'est pas dû à une efficacité particulière propre à la vapeur surchauffée; il faut l'expliquer par l'influence séchante de cette vapeur qui permet dans certaines limites d'introduire de la chaleur dans le cylindre sans y déposer de l'humidité.

De la température de condensation.

11. La température la plus avantageuse à adopter pour la condensation n'est pas nécessairement la plus basse; car si le travail recueilli augmente en effet à mesure que cette température s'abaisse, d'un autre côté on accroît en même temps la dépense de chaleur à faire pour convertir en vapeur l'eau de condensation qui sert à alimenter la chaudière. Afin de nous rendre compte de l'influence à ce point de vue de la température de condensation, nous avons indiqué dans le tableau ci-après le rendement en kilogrammètres pour une dépense de 1000 calories en employant la vapeur saturée à trois atmosphères, des détentes variées, et pour température de con-

densation 20°, 40° et 60°. La chaleur à fournir dans ces différents cas pour produire un kilog. de vapeur est de 627-601
et 587 calories.

Travail développé pour 1000 calories avec vapeur saturée à 3 atmosphères.

INTRODUCTION en dixièmes.	TEMPÉRATURE DE LA CONDENSATION.		
	20 degrés.	40 degrés.	60 degrés.
	kilogrammètres.	kilogrammètres.	kilogrammètres.
1	84160	81190	72050
2	69740	69600	65570
3	60410	60770	58590
4	83190	53720	52370
5	47560	48150	47240
6	42900	43510	42840
7	38790	39370	38880
8	34930	35490	35090
9	31690	32190	31870
10	28760	29210	28930

Ces chiffres nous montrent que si la détente n'est pas
poussée plus loin qu'elle ne l'est habituellement dans nos
machines marines, on obtiendra moins de travail à égalité de
dépense de chaleur en condensant à 20° qu'en s'arrêtant à 40°.
On perdra même très-peu à se tenir au-dessus. Ainsi, avec
une introduction de 4 à 6 dixièmes, on ne dépensera que 1 1/2
à 2 p. 100 de plus en condensant à 60° qu'en condensant
à 40°. Or comme les refroidissements intérieurs du cylindre
sont nécessairement moindres avec un condenseur chaud, il se
pourra fort bien qu'en pratique on ait intérêt à se tenir à la
température supérieure. C'est effectivement ce qui a été souvent reconnu par l'expérience, notamment depuis l'emploi des
condenseurs à surface. Les dimensions de ces appareils ayant
été exagérées par crainte de ne pas bien condenser, on en
est venu à alimenter avec de l'eau à une température si basse

que la production des chaudières s'en est visiblement ressentie.

Consommation de combustible théorique des machines
à vapeur marines.

12. Nous avons maintenant toutes les données nécessaires pour établir ce que devrait être la consommation en combustible de nos machines, si d'une part les dimensions des orifices, leur ouverture et fermeture étaient telles que le diagramme ne fût pas déformé, et si d'autre part il n'y avait pas de pertes de vapeur, soit par condensations dues au refroidissement du cylindre, soit par imperfection des joints ou garnitures, etc.

Le charbon étant de première qualité (briquettes d'Anzin) et les chauffeurs choisis, on peut espérer obtenir $8^k,5o$ (1) de vapeur par kilog. de charbon en alimentant à l'eau douce à $15°$. Mais comme on perd par les extractions, la production, malgré la température plus élevée de l'eau d'alimentation, ne sera que de $7^k,5o$ (6).

D'après ce que nous avons vu plus haut, nous pourrons, en raison de la faible différence obtenue avec l'emploi d'une vapeur modérément humide, d'une vapeur saturée sèche, ou d'une vapeur surchauffée, supposer pour le tracé de notre diagramme que la vapeur est simplement saturée. C'est de cette hypothèse que nous sommes partis pour nos calculs, en considérant successivement le cas d'une tension à trois atmosphères et celui d'une tension de deux atmosphères.

Le tableau ci-après donne la quantité de charbon qui dans ces conditions serait nécessaire par heure pour produire la force de un cheval de 75 kilogrammètres.

---

(1) A bord ce chiffre n'est atteint qu'exceptionnellement; dans les expériences du Cher faites en employant l'eau douce, on n'a en moyenne que $7^k,86$. Si l'on adoptait ce chiffre au lieu de $8^k,5o$, on n'aurait avec l'eau de mer que 7 kilogr. environ.

Consommation théorique de combustible par heure et par cheval.

TENSION A L'INTRODUCTION		INTRODUCTION EN DIXIÈMES							
absolue en atmosphères.	au-dessus de l'atmosphère en centimètre de mercure.	2	3	4	5	6	7	8	9
atm. 3	c. m. 152	k. 0.85	k. 0.96	k. 1.10	k. 1.23	k. 1.36	k. 1.51	k. 1.67	k. 1.84
2	76	0.89	1.02	1.15	1.29	1.44	1.59	1.75	1.98

Influence de la tension d'introduction.

13. En examinant ce tableau l'on remarque que pour une même fraction d'introduction, une augmentation de pression très-sensible s'élevant à un atmosphère ne donne qu'une économie de combustible assez faible.

Le fait est facile à expliquer. Avec de la vapeur à une certaine pression P on a un diagramme ABCDO; avec une pres-

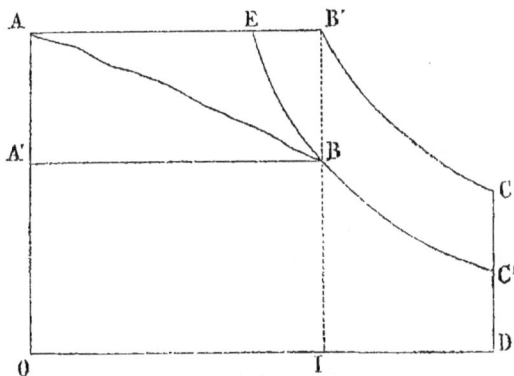

sion plus faible P' le diagramme est nécessairement moindre et tel que A'B'C'DO. Mais les quantités de vapeur dépensées sont entre elles comme AB est à AE, et l'on comprend qu'il doive en résulter une sorte de compensation.

Cela ne veut pas dire qu'il n'y a aucun avantage à tirer de l'emploi d'une pression élevée ; mais pour jouir du bénéfice réalisable il faudra pousser la détente plus loin, c'est-à-dire prendre une introduction plus faible telle que AE ; alors nous obtiendrons un diagramme AEC'DO pour une consommation de charbon très-peu supérieure à celle qui nous donnait A'B'C'DO.

S'il n'est pas possible de changer l'introduction, on pourra réaliser une portion du bénéfice en étranglant suffisamment la vapeur avec la valve à son arrivée au cylindre. Dans ces conditions la tension au commencement de l'introduction sera la même dans le cylindre que de l'autre côté de la valve ; mais elle baissera sitôt que l'ouverture des orifices du tiroir sera plus grande que celle de la valve, et l'on aura un diagramme tel que AB'C'DO. L'influence avantageuse de l'étranglement de la valve (peut être dû aussi à d'autres causes) (1) est du reste un fait généralement admis, et il conviendra d'user de ce moyen toutes les fois que les chaudières seront insuffisantes en production.

Consommations constatées aux épreuves de recette.

14. Il est évident d'après ce qui précède, qu'il n'est pas absolument nécessaire, pour juger de la consommation des machines marines qui emploient la vapeur à des tensions peu différentes les unes des autres, de tenir compte de la pression à laquelle fonctionnent leurs chaudières, ni de la différence souvent assez notable qui existe entre la tension dans cette chaudière et celle constatée dans le cylindre au moyen de l'indicateur. On pourra se contenter, pour établir une comparaison suffisamment approchée entre le rendement pratique et

(1) Quand la vapeur passe brusquement d'une pression à une autre plus basse, il se produit une certaine surchauffe qui peut à la rigueur être pour quelque chose dans l'avantage réalisé en pratique.

le rendement théorique, de considérer la fraction d'introduction, et de grouper ensemble les appareils qui sous ce rapport sont dans les mêmes conditions.

En se bornant pour opérer cette comparaison aux épreuves faites dans les quatre ou cinq dernières années, et en écartant les chiffres extrêmes, on trouve que :

à $^3/_{10}$ la consommation a varié de $1^k 39$ à $2^k 10$.
à $^4/_{10}$ $^5/_{10}$ et intermédiaire   —   1, 29 à 2, 00.
à $^6/_{10}$ $^7/_{10}$ —   —   1, 60 à 2, 500.

On remarque aussi, en consultant ces mêmes épreuves, que contrairement aux indications de la théorie, la consommation qui dans une machine donnée devrait diminuer par l'accroissement de la détente, reste souvent sans variation et quelquefois même suit une loi inverse à celle prévue.

Ces différences entre les résultats de la pratique et ceux qu'indiquait la théorie, peuvent tenir à deux causes : 1° le diagramme est déformé et n'a pas la surface que lui suppose le calcul ;

2° La dépense de vapeur dépasse, et souvent de beaucoup, la quantité apparente dans le cylindre à la fin de l'introduction, qui seule ou à peu près contribue au développement du travail recueilli.

Des diagrammes réels obtenus dans la pratique.

15. Lorsqu'on compare les diagrammes relevés sur nos machines à celui que l'on peut tracer *à priori* en partant des données de la théorie, on constate tout d'abord que dans les premiers les angles sont plus ou moins arrondis au lieu d'être vifs comme nous le supposions implicitement. Cela tient à la manière dont se font l'ouverture et la fermeture des orifices, qui ne sauraient avoir lieu instantanément, et aussi à ce qu'il faut un certain temps pour que la vapeur remplisse le cylindre ou en sorte. Toutefois, avec une régulation convenable, la perte qui résulte de ces arrondis ne saurait avoir une importance notable.

On remarque ensuite que la contre-pression est souvent plus forte que nous ne l'avons supposé; mais on ne peut assigner une part déterminée à cette différence, d'ailleurs variable d'une machine à l'autre, et dépendant, comme la déformation précédente, de la perfection plus ou moins grande d'une partie du mécanisme, qui est ici le condenseur et la pompe à air.

C'est la portion de courbe du diagramme correspondant à la détente qui présente les plus grandes anomalies.

En théorie, le cylindre étant supposé insensible à la chaleur, il devrait y avoir pendant toute cette période une condensation de vapeur de plus en plus considérable. Mais en pratique le cylindre qui s'est échauffé durant l'introduction cède du calorique lors de la détente à l'eau qui tend à se déposer, et il en résulte que la courbe obtenue s'écartant de plus en plus de la courbe théorique, suit d'abord celle qu'on obtiendrait en maintenant à l'état de saturation le poids de vapeur présent dans le cylindre. Puis, si la détente est suffisamment prolongée, il y a en outre vaporisation de l'eau condensée lors de l'introduction, et le diagramme accuse un poids de vapeur de plus en plus grand.

Les choses paraissent d'ailleurs se passer de la même manière qu'il s'agisse de vapeur saturée ou de vapeur surchauffée à 35 ou 40°, car dans les diagrammes obtenus sur une même machine avec ces deux sortes de vapeur, la courbe des volumes et des tensions reste sensiblement la même pour une même pression initiale, une même vitesse et une même détente (1).

Le même phénomène se produit encore lorsque le cylindre est enveloppé d'une chemise de vapeur. Cela tient en partie à ce qu'il y a toujours des portions du cylindre ou tout au

---

(1) Expériences du Fontenoy.

moins les pistons ou leurs tiges, qui ne peuvent recevoir de calorique de la part de l'enveloppe, et en partie à ce que la chaleur de la chemise ne peut passer assez vite à l'intérieur du cylindre, de sorte qu'il se dépose inévitablement un peu de vapeur condensée pendant l'introduction. Mais comme il y a plus de chaleur cédée lors de la détente que dans les cas précédents, l'accroissement de tension est plus prononcé (1).

Une autre cause vient s'ajouter, dans la plupart de nos machines marines, à celle que nous venons de signaler, pour accroître encore l'augmentation de la masse de vapeur sensible pendant la période que nous considérons. Cette cause est l'imperfection des organes spéciaux de détente variable adoptés pour arrêter l'introduction de la vapeur, lesquels consistent le plus souvent en valves ou pistons ayant du jeu et ne pouvant effectuer une fermeture rigoureuse. — A vrai dire, ces mécanismes produisent la plupart du temps un étranglement plutôt qu'une véritable détente.

Les causes qui régissent le phénomène de la vaporisation pendant la détente sont trop complexes pour qu'on puisse déterminer par le calcul la quantité d'eau vaporisée et l'excédent de travail qui en résultera. Quant à l'examen des courbes, il montre que le poids de vapeur sensible reste à très-peu près constant pendant toute la durée de la détente toutes les fois que l'introduction est au moins égale aux 0,55 et même aux 0,50 de la course. Pour des introductions plus faibles la quantité de vapeur paraît augmenter sensiblement, et l'excédant d'eau vaporisée dépend naturellement de l'intensité des causes vaporisantes et de la grandeur du temps pendant lequel elles agissent.

Il résulte de là que sous le rapport de la courbe de détente, la surface des diagrammes réels est plutôt en excès

---

(1) Expériences faites par M. Reech en 1849 et 1850, à l'occasion des machines à vapeur d'eau et à vapeur de chloroforme.

qu'en déficit sur le diagramme théorique ; de sorte qu'en définitive on ne peut expliquer par une diminution de cette surface la différence qui existe entre la consommation théorique et la consommation observée.

Des pertes de vapeur.

16. C'est un fait parfaitement reconnu que la quantité de vapeur dépensée en apparence dans une machine, calculée à l'aide des diagrammes et en tenant compte des espaces nuisibles, est toujours notablement inférieure à la production qu'on aurait pu raisonnablement attendre des chaudières eu égard à la dépense du combustible. Il y a donc manifestement une déperdition de vapeur, et cette déperdition, comme nous le verrons, est assez importante pour expliquer à elle seule l'infériorité du rendement des machines.

Les pertes sont attribuables à deux causes, d'abord aux imperfections du mécanisme, puis aux condensations.

Les pertes dues à la première cause dépendent nécessairement de l'exécution plus ou moins soignée de la machine, et peuvent être atténuées dans une grande limite par un choix convenable de système de tiroirs et de pistons et en apportant à la confection des garnitures tout le soin nécessaire.

Celles qui sont déterminées par la seconde cause tiennent à la perméabilité et à la sensibilité au calorique des diverses parties de la machine, et plus particulièrement du cylindre et du piston. Nous allons examiner en détail l'influence de cette sensibilité, et les moyens par lesquels on peut en diminuer l'effet nuisible.

Influence de la sensibilité au calorique des parois du cylindre.

17. Les parois du cylindre, loin d'être insensibles au calorique, comme nous l'avons supposé en théorie, tendent au contraire constamment à se mettre en équilibre de température avec les corps voisins, en leur prenant ou en leur cédant de la chaleur. — Pendant l'introduction elles s'échauffent aux dépens de la vapeur qu'elles condensent en partie. — Pendant la détente, et surtout pendant la communication avec le condenseur, la température intérieure s'abaissant, elles abandonnent du calorique, et l'eau déposée pendant l'introduction retourne à l'état de vapeur pour s'en aller sous cette forme au condenseur.

Il passe donc par le cylindre une certaine quantité de vapeur, dissimulée sur le diagramme pendant l'introduction, ne fournissant pendant la détente que peu de travail, et s'en allant au condenseur sans presque avoir produit d'effet utile et sans que l'indicateur ait pu faire connaître son importance.

La grandeur de la quantité de chaleur ainsi dépensée dépendra nécessairement de la facilité plus ou moins grande avec laquelle les parois pourront céder leur calorique. Elle serait en conséquence un minimum si la vapeur pouvait rester à l'état de fluide élastique parce que les gaz ne prennent la chaleur par contact que difficilement et lentement. Elle sera au contraire un maximum si les parois sont constamment humides, parce que l'eau en se vaporisant, pour ainsi dire mécaniquement par suite de l'abaissement de la pression, facilitera beaucoup l'écoulement du calorique de ces parois (1).

Il résulte de cette dernière considération qu'une machine à vapeur saturée, sans chemise de vapeur au cylindre, sera dans le cas du maximum de perte, par la raison que la chaleur ne pouvant arriver que sous forme de vapeur condensée, il y aura toujours de l'eau dans le cylindre.

L'importance de la dépense par condensation intérieure

---

(1) L'efficacité refroidissante de la vaporisation effectuée dans ces conditions est telle qu'on a pu construire, comme chacun sait, des appareils à faire de la glace très-puissants uniquement fondés sur ce principe.

pour une machine quelconque dépendra d'ailleurs d'une manière évidente des circonstances suivantes.

Elle augmentera avec la différence entre la température de la vapeur introduite et celle de la vapeur du condenseur, puisque ces deux températures sont les termes extrêmes de la chute qui détermine l'écoulement du calorique. Elle augmentera également avec le temps, et par conséquent son importance relative sera d'autant plus grande que la vitesse de la machine sera moindre.

Enfin elle croîtra aussi avec l'étendue des surfaces internes du cylindre, puisque ces surfaces représentent pour ainsi dire la section de l'orifice par lequel se fait l'écoulement de la chaleur.

Influence de la vapeur surchauffée.

18. Nous avons vu précédemment (10) que la vapeur surchauffée supposée employée dans un cylindre imperméable et insensible à la chaleur, ne donne pas, à égale dépense de calorique, un travail notablement supérieur à celui que fournirait la vapeur saturée sèche.

L'avantage, quelquefois assez considérable obtenu dans la pratique, doit s'expliquer par la propriété dont jouit cette vapeur d'apporter au cylindre une certaine quantité de chaleur qu'elle peut abandonner sans qu'une condensation en soit la conséquence. — Le cylindre est ainsi plus sec qu'avec la vapeur saturée, et l'on se rapproche plus ou moins des conditions de minimum de perte dont nous parlions un peu plus haut. Mais pour atteindre ce minimum il faudrait une température excessivement élevée. On peut en juger par ce fait, que de la vapeur à 5 atmosphères surchauffée à 170° retombe à l'état de saturation après un accroissement de volume de 54 à 55 p. 100, ce qui représente une introduction de 0,64 à 0,65.

Il arrivera donc qu'avec le degré de surchauffe acceptable

en pratique, et vu le peu de calorique représenté par cette surchauffe (17^{cal},34 par kilogramme de vapeur pour le cas ci-dessus), la vapeur perdra son excédant de chaleur et même se condensera en partie dès son entrée dans le cylindre pour se vaporiser pendant la détente et le commencement de l'évacuation. C'est en effet ce qui est constaté par l'expérience ainsi que nous l'avons signalé en parlant des diagrammes (15).

Toutefois, comme il y aura nécessairement moins d'eau déposée sur les parois, cette eau pourra être complétement vaporisée avant la fin de l'évacuation au condenseur.

Chercher à estimer *à priori* le bénéfice que pourra fournir à ce point de vue la vapeur surchauffée, paraît tout à fait impossible. C'est une question qui ne peut être décidée que par l'expérience, et l'expérience devrait être conduite de manière à fournir des résultats tout à fait comparables. Ainsi il faudrait que la même machine fût tour à tour alimentée par de la vapeur saturée sèche, puis par de la vapeur surchauffée à des degrés variés, et que dans chacun des cas mis en parallèle, on eût soin de partir d'une même tension initiale — d'employer la même détente — et surtout de faire faire à la machine le même nombre de tours.

Ces conditions n'ont pas été remplies dans les expériences sur la vapeur surchauffée faites avec le vaisseau *le Fontenoy*, qui sont les seules dont nous connaissons les résultats précis. Ainsi lors de l'essai à une chaudière, la machine avec vapeur sans surchauffe faisait 25^t,09 tandis qu'avec la surchauffe elle en faisait 31,84. — Il y a eu dans ces conditions un avantage marqué en faveur de la surchauffe, mais il n'est pas douteux que si l'on eût fait 31^t, 84 avec de la vapeur saturée, la différence entre les consommations eût été bien moindre.

De ces expériences, trop peu nombreuses pour qu'on puisse en déduire des chiffres bien exacts, nous avons cru pouvoir conclure cependant qu'avec 30 à 35° de surchauffe mesurée au tiroir, l'économie, avec même tension, même introduction et même nombre de tours, devait être environ de 17 p. 100 pour la machine du Fontenoy.

Des expériences faites dans d'autres conditions ont donné des résultats moins favorables à la surchauffe.

Influence des chemises de vapeur.

19. M. Combes démontre, dans sa *Théorie mécanique de la chaleur*, qu'il est mauvais, au point de vue de l'utilisation du calorique de chercher à échauffer la vapeur pendant la détente de manière à empêcher sa précipitation, et qu'il serait également désavantageux de chercher à la surchauffer pendant son fonctionnement dans le cylindre.

L'avantage, d'ailleurs admis des chemises de vapeur, doit donc être de la même nature que celui que nous venons de reconnaître à la vapeur surchauffée, c'est-à-dire qu'elles doivent avoir pour effet de fournir aux parois une partie de la chaleur nécessaire à leur échauffement et de diminuer ainsi le dépôt d'eau liquide qui favorise le refroidissement.

Mais ce but n'est jamais atteint qu'imparfaitement. Certaines portions des parois, et par exemple le piston et sa tige, ne peuvent être réchauffés de cette manière. De plus la chaleur ne peut se communiquer avec toute la rapidité qui serait nécessaire à travers les parois du cylindre.

Supposons par exemple une plaque métallique d'une certaine épaisseur, maintenue d'un côté à la température T par une source de chaleur et de l'autre soumise à des alternatives de températures. Lorsque la température viendra à s'abaisser sur cette dernière face, ce sont d'abord les couches les plus voisines qui céderont leur calorique, puis l'écoulement se fera de proche en proche, et il faudra un certain temps, d'autant plus long que la plaque sera plus épaisse, pour que la chaleur de la face en contact avec T vienne concourir au réchauffement. Si dans cet état de choses on vient subitement mettre en contact la face, qui représente l'intérieur du cylindre avec de la vapeur à la température T, il est évident que celle-ci trouvera les parois plus froides qu'elle et qu'il s'ensuivra une condensation ([1]).

Ainsi donc, malgré la chemise de vapeur il y aura toujours un peu d'eau dans le cylindre après l'introduction ; mais cette eau se vaporisera plus rapidement pendant la détente et le commencement de la condensation que dans la machine sans chemise, et il arrivera que le cylindre sera sec avant la fermeture au condenseur. La chemise tendra donc à diminuer les pertes par refroidissement intérieur qui, toutes choses égales d'ailleurs, seront un peu plus faibles que dans un appareil non pourvu de ce genre d'enveloppe.

Ces prévisions se trouvent vérifiées par l'expérience, mais l'expérience montre aussi que l'économie réalisée n'est généralement pas très-grande.

Voici par exemple ce que nous trouvons au sujet des chemises dans un rapport fait en 1849-1850 par M. Reech, à propos de recherches ayant pour objet les machines à vapeur d'eau et à vapeur de chloroforme.

La machine d'essai à vapeur d'eau avait 40 cent. de diamètre, 90 cent. de course, et sa vitesse était réglée à 12 tours. — De plus, les comparaisons étaient faites en employant une très-grande détente, $\frac{2}{10}$ d'introduction. Ainsi grande surface relative et faible vitesse de machine, circonstances très-propres à donner à la machine marchant avec chemise un avantage marqué.

Dans ces conditions on a trouvé qu'en fonctionnant sans la chemise il y avait toujours de l'eau dans le cylindre, tandis qu'avec celle-ci la vapeur qui se trouvait sous le piston vers

---

([1]) Ce raisonnement suppose, comme c'est le cas habituel, que la vapeur de la chemise est à la même température que celle qu'on introduit dans le cylindre. Il est évident que si la vapeur de la chemise était plus chaude, l'écoulement du calorique se ferait plus facilement et les conditions seraient meilleures au point de vue économique.

3

la fin de l'évacuation avait une surchauffe de 2°, 5° et même jusqu'à 8°. On a remarqué aussi qu'avec la chemise la courbe des tensions de la vapeur des diagrammes s'abaissait moins rapidement que dans l'autre cas, et qu'on avait ainsi un travail moteur plus considérable. — Enfin on a constaté qu'en marchant sans la chemise, il y avait une légère augmentation dans la quantité du calorique envoyée au condenseur.

Cette légère augmentation, qui ne paraît pas avoir été mesurée d'une manière précise, représentait évidemment la différence des pertes de calorique des deux systèmes, et le petit accroissement de surface des diagrammes devait être dû à la chaleur fournie par la condensation de la vapeur dans l'intérieur de la chemise. En somme il y avait bénéfice, mais bénéfice assez faible. On a aussi essayé l'influence des chemises sur des machines marines assez récentes ; mais on n'a pas obtenu d'avantage bien marqué dans les expériences que nous connaissons.

En résumé, il n'est pas douteux que les chemises de vapeur doivent avoir pour effet de diminuer l'importance des condensations intérieures ; mais il paraît probable aussi qu'avec les machines actuelles qui marchent très-rapidement, le calorique n'a guère le temps de passer de la chemise à l'intérieur du cylindre et qu'en tous cas elles ne sauraient suffire à prévenir complétement ce genre de perte(¹).

(¹) *Effet des chemises de vapeur sur la Jeanne d'Arc.* Les cylindres extrêmes de la machine à 3 cylindres de la *Jeanne d'Arc*, sont enveloppés de chemises où la vapeur circule, et qui sont dans des conditions d'autant plus favorables que la température y est supérieure à celle de la vapeur introduite à l'intérieur.

Ces chemises paraissent produire un certain effet, car en comparant les diagrammes de cette machine à ceux du Cher, on constate que la perte de vapeur sensible dans le passage du cylindre milieu aux cylindres extrêmes est relativement moindre.

Cependant la condensation intérieure est certainement encore très-importante. Elle se compose de la perte faite d'abord dans le cylindre milieu qui par comparaison avec le Cher doit être environ de 880 kilog. par heure, plus la condensation indiquée par la diminution de vapeur sensible qui mesurée sur les dia-

Machines du système Woolf.

20. Nous venons de voir que la vapeur surchauffée et les chemises de vapeur tendent à diminuer les pertes par refroidissement intérieur, et que leur mode d'action à toutes deux consiste à sécher les parois et à rendre un peu plus difficile l'écoulement de la chaleur du cylindre au condenseur. Les machines à plusieurs cylindres du système Woolf ont également l'avantage de réduire les pertes par refroidissement intérieur, mais leur principe, essentiellement différent du précédent, consiste à s'attaquer directement à la cause qui détermine l'écoulement de la chaleur.

Nous avons dit (17), et nous le montrerons encore mieux un peu plus loin, que la perte dont il s'agit croît nécessairement avec la différence qui existe entre la température de la vapeur à son introduction et la température qui correspond à sa tension pendant l'évacuation. En faisant fonctionner la vapeur successivement dans des cylindres séparés, de telle manière qu'elle sorte du premier pour entrer dans le second à une température intermédiaire, nous réduirons évidemment pour chacun d'eux l'importance de la cause même qui détermine la perte.

Il y aura dans le premier cylindre une condensation correspondant à $T - \theta$, θ étant la température intermédiaire ; puis l'eau condensée repassera à l'état de vapeur pour entrer dans le second cylindre où une nouvelle condensation aura lieu correspondant à $\theta - t$. — Si ces deux condensations sont égales, l'une d'elles, la dernière par exemple, $f(\theta - t)$, représentera à elle seule la vapeur qui aura été dépensée sans

grammes est pour le même temps de 1600 kilog. C'est donc en totalité 2480 kilog. pour une dépense en vapeur sensible de 17625 kilog.

On semble parfaitement en droit de conclure de ces chiffres que sur nos machines marines ayant des pistons de grands diamètres qu'on ne peut envelopper de vapeur, les chemises ne sauraient arriver à rendre négligeables les pertes par condensation intérieure.

produire aucun effet utile depuis l'introduction au premier cylindre jusqu'à l'évacuation du dernier.

Si la vapeur avait fonctionné dans un seul cylindre, la perte eût été f (T — t). Il y a donc nécessairement économie, et dans un rapport assez marqué pour que l'avantage doive être sensible dans la pratique.

C'est effectivement, selon nous, un fait parfaitement établi par l'expérience, et que les chiffres suivants font apprécier.

En faisant les moyennes des puissances développées aux essais par douze machines ordinaires des plus récentes, et neuf machines à trois cylindres avec introduction dans un seul (système Woolf), on trouve que suivant le genre de machine, les chaudières réglementaires ont fourni par foyer, en chevaux indiqués, les nombres donnés ci-après :

foyer. — type bas . . . {	machines ordinaires.	67 chev.
	machines système Woolf.	88
foyer. — type haut. . . {	machines ordinaires.	92
	machines système Woolf	110

Ces chiffres se passent de tout commentaire. Ils ont d'ailleurs d'autant plus de valeur que les machines étant prises en bloc sans distinction de provenance, les avantages ou inconvénients résultant de leur perfection mécanique plus ou moins grande sont jusqu'à un certain point atténués dans la moyenne et ne viennent pas fausser la comparaison comme cela pourrait être le cas si l'on mettait seulement en parallèle quelques machines isolées.

Nous reviendrons plus tard sur cette question des machines du système Woolf ; mais nous allons chercher d'abord à nous faire une idée de la loi suivie par les condensations intérieures, en profitant pour cela des expériences malheureusement peu nombreuses qui se rapportent à cette question.

Quantité de vapeur dépensée par refroidissement intérieur.

21. En se reportant à ce que nous avons dit touchant les causes qui déterminent le refroidissement intérieur, il est évident, comme nous l'avons déjà signalé, que la quantité condensée augmentera, avec la différence entre les températures d'introduction et de condensation, avec l'étendue des surfaces mises en jeu, et enfin avec le temps. Elle semblerait aussi devoir croître avec la détente puisqu'une partie de la vaporisation s'opère durant cette période ; cependant cet accroissement ne paraît pas sensible dans les expériences que nous allons citer ci-après, et cela tient peut-être à ce que lorsque la température du cylindre s'est déjà abaissée durant la détente celui-ci n'est plus aussi apte à perdre de la chaleur pendant la communication avec le condenseur, ce qui peut établir une sorte de compensation.

L'emploi des chemises de vapeur et de la vapeur surchauffée tendront d'ailleurs à diminuer la dépense qui nous occupe, mais probablement sans en modifier les lois et en agissant pour ainsi dire comme un coefficient.

Quant à ces lois, elles ne paraissent pouvoir être déterminées que par des expériences répétées sur diverses machines, et malheureusement nous ne connaissons sur ce sujet que les recherches qui ont été faites par M. Reech à l'occasion des machines à vapeur d'eau et à vapeur de chloroforme. Voici sommairement en quoi ces expériences ont consisté et les résultats qu'elles ont donnés.

Une série d'expériences a été faite avec une machine à chemise de vapeur de 4o centimètres de diamètre et 9o centimètres de course, la vitesse étant maintenue constamment à douze tours et la pression absolue mesurée sur le diagramme à 134 centimètres de mercure.

On a donné à l'introduction, successivement les valeurs de o,2 — o,3 — o,4 — o,5 — o,6 — o,7 et — o,8, et pour chacune de ces introductions on a fait varier la contre-pression au condenseur dont les limites extrêmes ont été 27 centimètres et 8o centimètres.

Dans chaque expérience on a mesuré le poids en kilogrammes M d'eau condensée pour 1000 tours, recueillis au condenseur.

Tous les résultats ainsi obtenus, en nommant T la température initiale de la vapeur, t la température au condenseur, i la fraction d'introduction, peuvent être représentés par l'équation suivante :

$$M = 32,52 + 1,548\ (T - t) + 219\ i\ (^*).$$

Or, dans cette équation le terme $219\ i$ se trouve très-sensiblement représenter le poids de vapeur sensible pour 1000 tours.

Le terme $52,152$, se compose évidemment du poids de vapeur dans les espaces nuisibles, qui pour 1000 tours était de 8 kil., et de la dépense par rayonnement du couvercle et des parties non enveloppées par la chemise. Le terme $1,548\ (T - t)$, représente nécessairement la perte par refroidissement intérieur, et l'on voit que cette perte est proportionnelle à $T - t$ et complétement indépendante de l'introduction.

Une autre série d'expériences a été faite avec la même tension initiale, mais à trente tours, et en faisant varier l'introduction et la pression au condenseur. Les résultats de cette série, moins nombreux que ceux de la précédente, peuvent être représentés avec une assez grande exactitude par l'équation

$$M = 17,81 + 0,6258\ (T - t) + 219\ i.$$

Le dernier terme représentant la vapeur sensible pour 1000 tours reste le même que précédemment.

Si du premier terme des deux équations on retranche la

(*) L'équation de M. Reech contient la pression au condenseur au lieu de la différence de température T-t; mais nous nous sommes assurés que notre équation représente également bien les résultats d'expérience.

vapeur des espaces nuisibles qui est de 8 kil., on a les deux nombres 24,52 et 9,81, lesquels sont exactement proportionnels au temps nécessaire pour faire les 1000 tours. — Et il en devait être ainsi puisque ces nombres représentent les pertes par rayonnement et que la température d'introduction de la vapeur est restée la même.

Enfin, si l'on considère les coefficients des deux termes qui représentent le refroidissement intérieur, on trouve également qu'ils sont à très-peu près entre eux comme les temps employés dans chaque cas pour faire les 1000 tours.

Si donc les choses se passent dans une grande machine marine comme dans la petite machine d'essai, et l'on ne voit pas pourquoi il en serait autrement, on pourra adopter les lois suivantes comme représentant au moins approximativement la perte de vapeur. La vapeur dépensée en sus du poids sensible à la fin de l'introduction se composera :

1° De la quantité absorbée par les espaces nuisibles ;

2° De la quantité condensée par l'effet du rayonnement extérieur, laquelle dépendra des dimensions du cylindre et de la nature des enveloppes et sera en outre proportionnelle au temps ;

3° De la perte par refroidissement intérieur, laquelle sera indépendante de la détente et proportionnelle, d'une part au temps et d'autre part à la différence entre la température d'introduction et la température de condensation.

Il est d'ailleurs naturel d'admettre que le coefficient de ce dernier terme variera à peu près proportionnellement à la surface du cylindre, sera plus faible s'il y a une chemise de vapeur que s'il n'y en a pas, et enfin diminuera si la vapeur est surchauffée et à mesure que cette surchauffe augmentera.

22. Nous n'avons pour essayer de vérifier cette loi que les expériences de MM. Joëssel et Thibaudier sur la machine du Cher.

Le rapport de ces ingénieurs donne la quantité d'eau douce dépensée pour alimenter la machine dans diverses circonstances de marche, et la quantité de vapeur sensible dépensée par le cylindre milieu dans lequel se faisait l'introduction. Ce cylindre peut évidemment être considéré comme celui d'une machine ordinaire dans laquelle on condenserait à la température du réservoir intermédiaire, dont la tension restait d'ailleurs sensiblement constante pour chaque allure pendant toute la durée de l'évacuation.

En cherchant à représenter par une formule les résultats de ces expériences, nous avons trouvé que le poids P de vapeur, exprimé en kilogrammes, dépensé par heure en sus de la vapeur sensible à la fin de l'introduction, espaces nuisibles compris, était représenté avec une exactitude suffisante par les équations ci-après.

Pour une surchauffe de 8°, une température T correspondante à la tension à saturation de l'introduction qui était de 131°,6 environ, et une température variable t au réservoir intermédiaire :

$$P = 12 + 17,67\ (T - t).$$

Pour une surchauffe de 12°, et une valeur de T égale à 124°,25 :

$$P = 10 + 15,80\ (T - t).$$

La plus grande différence entre les résultats de ces formules et ceux de l'observation est de 49 kilog. et correspond au cas où la dépense totale dans le même temps était de 5250 litres. Des différences de cet ordre peuvent parfaitement se rencontrer dans des expériences de ce genre.

Ainsi dans ce cas, comme dans celui de la machine citée plus haut, il y a une perte de vapeur qui paraît être proportionnelle au temps et à la différence entre la température de la vapeur à l'introduction et la température à l'évacuation, et

qui est indépendante des autres circonstances du fonctionnement.

Conclusions touchant le déficit dans le rendement des machines.

23. Lors des expériences du Cher qui nous ont servi à établir
les formules ci-dessus, la temperature intermédiaire t n'est
guère descendue au-dessous de 90°; mais si cette formule est
applicable pour les températures inférieures, on aurait pour
perte par heure d'un cylindre semblable évacuant directement
au condenseur :

$$P = 12 + 17.67 \times 80 = 1425^k,6.$$

Or la dépense sensible pendant le même temps serait :

à 0,88 d'introduction et 70 tours. . . . . 5000 k.
à 0,40   id.   et 55 id. 2000

La perte de vapeur joue donc un rôle considérable dans l'a-
baissement du rendement de la machine, puisque dans le dernier cas elle égalerait les trois quarts de la dépense utile.

Nous n'avons pas d'autres expériences que celles citées ci-
dessus, d'où l'on puisse déduire directement la valeur de la
déperdition des machines; mais ce qu'on peut conclure des
épreuves ordinaires de consommation de charbon, c'est que
cette déperdition est certainement très-importante.

Ainsi, la quantité de vapeur sensible constatée aux cylindres
dans les circonstances les plus favorables, ne dépasse guère
6 kilog. par kilogramme de charbon, et descend souvent à 5 kilog., à 4 kilog. et même plus bas encore dans le cas du service
ordinaire. — Or, bien que les chaudières soient moins convenablement aérées dans le fond de la cale d'un navire que dans
les essais à terre, que par suite la combustion soit moins active
et que la dépense de combustible par mètre carré de grille soit
diminuée, il n'en est pas moins certain que leur production de
vapeur par kilogramme de charbon reste sensiblement la même

et est bien supérieure au rendement apparent. C'est ce que mettent hors de doute les essais du Cher déjà cités, pendant lesquels l'eau vaporisée par kilogramme de charbon s'est élevée à $8^k,53$ et n'est jamais descendue au-dessous de $7^k,20$.

Quelle qu'en soit la cause, il y a donc dans toutes nos machines une perte de vapeur; et cette perte paraît tellement importante, qu'il semble qu'on peut en sa présence négliger le déficit que peuvent présenter les diagrammes, pour n'attribuer qu'à cette seule cause la différence qui existe entre le rendement théorique et le rendement pratique. Nous allons voir en effet par quelques applications, qu'en admettant que le diagramme obtenu est égal au diagramme calculé *à priori*, mais que la dépense de vapeur d'une machine donnée doit être augmentée d'une certaine quantité, sensiblement proportionnelle au temps, et augmentant avec la différence entre la température ou tension initiale et la température ou tension de condensation, on rend très-bien compte des faits les plus saillants, et de prime abord les plus inattendus, présentés par les résultats des épreuves de consommation des machines.

Influence de la vitesse des machines sur le rendement du combustible.

24. L'application de l'hypothèse qui précède, permet tout d'abord d'expliquer l'importance très-grande que doit avoir la vitesse d'une machine sur son rendement.

Il est en effet évident, du moment que la perte reste constante avec le temps, que la dépense en vapeur sensible et utilement employée, et qui augmente avec le nombre de tours, formera une part d'autant plus importante de la dépense totale que la machine marchera plus vite. — Et ceci explique comment il se fait que les machines à hélices actuelles qui ont 2 mètres à $2^m,40$ de vitesse de piston, consomment notablement moins que les anciennes machines à balancier pour lesquelles cette même vitesse n'était guère que de 1 mètre.

On comprend aussi par le même raisonnement, comment il se fait que sur une même machine donnée, la dépense en charbon par cheval vapeur, augmente quelquefois avec la détente, au lieu de diminuer comme le voudrait la théorie. — Ce fait s'explique par cette circonstance que sur un navire l'emploie d'une détente plus grande a généralement pour conséquence un nombre de tours moindres ; de sorte que la dépense utile de vapeur diminue tandis que la perte reste constante.

Afin de mieux faire ressortir ces conséquences, nous avons calculé dans l'ordre d'idées qui précède, quelle serait à différentes allures la consommation par cheval d'une machine ordinaire à deux cylindres ayant $1^m,60$ de diamètre et $1^m,00$ de course, et marchant à deux atmosphères absolues de tension à l'introduction.

Nous avons d'abord déterminé la dépense par heure en vapeur sensible, pour les introductions de 7. 5 et 3 dixièmes, et pour les vitesses de 70, 60, 50 et 40 tours par minute.

Puis nous avons supposé que dans cette machine, ayant ces fonds de cylindre pleins de vapeur mais employant la vapeur saturée, il se faisait par heure une condensation intérieure ou perte du même genre de 4,000 kilogrammes pour les deux cylindres, chiffre que d'après quelques comparaisons nous ne croyons nullement exagéré.

Enfin nous avons admis, conformément à notre hypothèse, que le travail indiqué résultant de la mesure des diagrammes était le même que celui de la théorie, de sorte qu'en ne considérant que la dépense apparente de vapeur la consommation de combustible par cheval serait conforme aux chiffres ci-après extraits du tableau de l'article 12.

Introduction en dixièmes.	7	5	3
Consommation de charbon en kilog.. . . .	1.59	1.29	1.02

Il suffit évidemment pour déduire de ces chiffres la consommation qu'on aurait en tenant compte des 4,000 kilogrammes perdus, de les multiplier par le rapport de la dépense totale de vapeur à la dépense apparente.

On a ainsi le tableau suivant.

Consommation par cheval et par heure.

NOMBRE de tours.	INTRODUCTION EN DIXIÈMES.		
	7	5	3
	k.	k.	k.
70	1.73	1.56	1.39
60	1.87	1.61	1.45
50	1.92	1.68	1.53
40	2.02	1.76	1.65

Ces résultats se rapprochent beaucoup des consommations constatées dans la pratique sur des machines fonctionnant dans des conditions analogues. Ils montrent l'influence observée sur ces machines de la vitesse du piston qui varie ici de 2^m 53 à 1^m 33 par seconde.

On y voit ausi comment l'augmentation de la détente et la diminution du nombre de tours qui en est ordinairement la conséquence pourront arriver à se combiner de manière à amener une augmentation de la dépense par cheval. Ainsi la machine à 60 tours et avec 0,5 d'introduction consomme 1^k 61 ; avec 0,3 d'introduction si elle tombe à quarante tours, ce qui est très-admissible elle consommera 1^k 68. — Il ne faut donc pas conclure des résultats de ce genre constatés durant les essais que la détente ne présente par elle-même aucun avantage économique, mais simplement que pour tirer convenablement parti de cette détente il est nécessaire que la machine soit disposée de manière à prendre dans ces conditions la vitesse maximum compatible avec le mécanisme.

En raison de cette influence de la vitesse sur la consommation, les machines à trois ou à un plus grand nombre de cylindres, ayant leur manivelles conjuguées de manière à neutraliser les forces d'inertie l'une par l'autre, sont un véritable progrès, parce qu'elles permettent de lancer sans inconvénients les appareils à des vitesses qu'on n'abordait auparavant qu'avec appréhension et qu'on n'osait jamais conserver longtemps.

Avantages particuliers des machines du système Woolf.

25. Il n'est pas douteux que l'emploi des chemises de vapeur et de la surchauffe doivent procurer quelques économies de combustible. — Mais cet avantage, qui a été constaté surtout sur des machines de petites dimensions, est assez généralement peu prononcé sur nos grandes machines, surtout depuis l'introduction progressive des grandes vitesses de piston. C'est à ce point, que cet avantage se trouve souvent masqué par les circonstances qui font varier la consommation d'une expérience à une autre sans que la cause puisse toujours en être bien connue.

Quoiqu'il en soit, et quelle que soit d'ailleurs l'économie réalisable par ces moyens, il est évident qu'en appliquant concurremment avec eux le système de Woolf on réduira encore notablement la perte restante. Et cela par la raison incontestable que la vapeur agissant dans des capacités successives, ces capacités ne seront plus soumises qu'à des variations de température beaucoup moindres; et, si l'on veut aussi parce que la différence des tensions de chaque côté du piston et du tiroir sera également réduite, ce qui diminuera les pertes dues aux imperfections des joints et garnitures.

Pour nous faire une idée de l'économie réalisable avec ce système de machine, nous n'avons qu'à reprendre l'exemple de l'article précédent, supposons qu'on ajoute aux deux cylindres de l'appareil, un troisième cylindre dans lequel se fera la première partie du travail de la vapeur ; et admettons, ce qui paraît réalisé et au delà dans la pratique, que par suite de l'abaisssement de la tension d'admission dans nos anciens cylindres, la perte soit réduite de moitié soit 2,000 kilogrammes (1).

Refaisant nos calculs dans cette hypothèse, nous trouvons pour consommation par heure et par cheval :

NOMBRE	INTRODUCTION EN DIXIÈMES.	
de jours.	5	3
	k.	k.
70	1.42	1.20
60	1.44	1.23
50	1.48	1.27
40	1.52	1.34

En comparant aux chiffres du tableau relatif à la machine à deux cylindres (24), on trouve que les économies à introduction et à vitesse égales sont de neuf à dix-neuf pour cent en faveur de la machine du système Woolf, et quelles sont d'autant plus grandes que l'introduction et la vitesse sont plus faibles. Ces résultats bien qu'obtenus par un calcul approximatif en partant d'une estimation hypothétique de la perte paraissent d'accord avec les expériences faites sur nos machines à trois cylindres avec introduction dans un seul.

De la haute pression.

26. L'impossibilité d'employer la haute pression avec des chaudières alimentées à l'eau de mer a pendant longtemps empêché ou arrêté l'adoption des tensions élevées ; mais au-

---

(1) Voir à la fin une note sur les pertes par condensations intérieures des machine à 3 cylindres.

jourd'hui que les condenseurs à surface sont réellement entrés dans le domaine de la pratique, cette cause d'exclusion n'existe plus, et si l'application présente encore des difficultés elles ne sont pas insurmontables. — Toutes fois il est évident qu'avant de se lancer dans cette voie, il importe de chercher à se rendre compte des économies de combustible réalisables par l'emploi de la haute pression, afin de juger en connaissance de cause, lesquels l'emportent des avantages ou des inconvénients.

Nous supposerons pour faire la comparaison entre la haute et la moyenne pression, que de part et d'autre la détente est poussée à un point tel que la tension de la vapeur devienne la même dans les deux cas ; et que cette pression extrême est celle de la vapeur à trois atmosphères absolues introduite pendant seulement les $\frac{3}{10}$ de la course. Dans ces conditions et avec la condensation à 40° le kilogramme de vapeur à trois atmosphères donnera théoriquement (10) 56,890 kilogrammètres ; le kilogramme de vapeur à 7 atmosphères en donnerait 50,570.

L'emploi de l'eau douce est forcée pour la haute pression, mais il convient de faire la part égale aux deux pressions et nous admettrons que pour toutes deux l'alimentation a lieu avec de l'eau douce à 40°. Le kilogramme de bonne houille donnera avec cette eau 8^k,85 de vapeur à trois atmosphères et 8^k,72 seulement de vapeur à sept atmosphères. La dépense par cheval sera dans chacun de ces cas :

$$\text{Vapeur à 3 atm.} \ldots\ldots\ldots\ldots\ldots\ldots 0^k 83$$
$$\text{Vapeur à 7 id.} \ldots\ldots\ldots\ldots\ldots\ldots 0,61$$

Ceci est dans l'hypothèse d'un cylindre imperméable et insensible à la chaleur.

Pour tenir compte des pertes par refroidissement nous supposerons qu'il s'agisse de dépenser la vapeur dans une machine à deux cylindres des dimensions données plus haut (24), et en raison de l'augmentation des tensions et températures, nous admettrons que l'augmentation certaine de ces pertes est en raison directe des différences de température, ce qui donnera :

Pour la vapeur à 3 atmosphères. . . . . 4700 par heure.

id. à 7 id. . . . . 6250 d°

Calculant ensuite comme précédemment la consommation qui sera la conséquence de cette dépense pour différentes vitesses nous trouvons :

Consommation de charbon par cheval et par heure.

Nombre de tours..	70	60	50	40
Vapeur à 3 atmosphères. .	k. 1.29	k. 1.35	k. 1.46	k. 1.63
Vapeur à 7 atmosphères. .	1.06	1.12	1.23	1.38

Ainsi l'augmentation des pertes dues à l'élévation de la température et de la tension supposant même qu'elle a été exagérée (ce que nous ne pensons pas) diminuerait notablement l'avantage économique de la haute pression ; aussi pensons-nous, qu'ici plus encore qu'avec la moyenne pression, il conviendrait d'employer le système Woolf. — Admettons que par ce moyen la perte par heure puisse être réduite à 2,400 kilogrammes pour la vapeur à trois atmosphères, et à 3,200 kilogrammes pour celle à sept atmosphères, la consomation devient :

Nombre de tours.	70	60	50	40
Pour 3 atmosphères.	k. 1.06	k. 1.09	k. 1.15	k. 1.24
Pour 7 atmosphères.	0.84	0.87	0.93	1.00

L'économie en faveur de la haute pression qui n'était que de 15 à 17 o/o quand on comparait les machines à deux cylindres, est de 20 à 22 o/o quand elles sont disposées dans le système Woolf.

Ainsi donc la vapeur à haute pression est susceptible de donner une économie importante sur les machines à moyenne pression. Mais pour en obtenir tout le bénéfice, il sera nécessaire: d'abord de pousser la détente assez loin pour que la tension soit abaissée au même point que dans l'autre machine; puis il faudra que la vapeur produise son travail dans des cylindres successifs comme dans la machine de Woolf.

Conclusions.

27. En résumé la consommation en charbon des machines à vapeur ne devrait s'élever *théoriquement* qu'à o^k, 40 environ par cheval indiqué, pourvu que le calorique fût tout entier employé à produire de la vapeur, et que celle-ci arrivant aux cylindres à 5 atmosphères, fût détendue de quinze à vingt fois son volume et condensée à 40°. — En pratique, et pour les machines marines, la consommation ne s'est guère abaissée au-dessous de 1^k, 30; encore n'a-t-elle atteint un chiffre aussi bas que dans des cas peu nombreux.

La différence considérable qui existe entre les deux consommations est due en partie aux chaudières, en partie à la machine elle-même. — En voici les causes principales.

La chaudière ne rend pas en vapeur tout le calorique du combustible: 1° parce qu'une fraction importante de ce calorique s'échappe avec les gaz chauds par la cheminée; 2° parce qu'avec les extractions qui ont pour but d'empêcher ou d'atténuer les dépôts de sels on jette à la mer 15 p. 100 environ de la chaleur qui a passé dans la chaudière.

La machine ne rend pas une quantité de travail équivalente à la quantité de vapeur qu'elle reçoit: 1° parce que le diagramme obtenu est diminué par la présence de l'air dans le condenseur, par les étranglements des conduits et orifices, etc. ;

4

2° et surtout parce que d'une manière ou d'une autre il passe directement au condenseur sans produire de travail une quantité de vapeur importante variable d'une machine à une autre, et à peu près constante par unité de temps pour une même machine quelle que soit son allure.

L'application de moyens connus, qui ont déjà plus ou moins fait leurs preuves, permettrait de diminuer notablement ces pertes et probablement de faire descendre la consommation à 0^k,90 environ par cheval indiqué.

Ces moyens consisteraient :

1° A adopter les condenseurs à surface (depuis plusieurs années déjà d'un usage presque général en Angleterre et aux États-Unis), ce qui supprimerait les extractions ; 2° à augmenter la pression des chaudières pour la porter à 5 atmosphères, ce qui présente peut-être quelques difficultés, mais n'est plus impossible avec l'eau douce, et a d'ailleurs été déjà réalisé sur certains bâtiments ; 3° à pousser la détente jusqu'à quinze ou vingt fois le volume primitif ; 4° à employer les moyens que nous avons indiqués dans le cours de cette note pour diminuer la grandeur absolue et l'importance relative de la quantité de vapeur perdue, c'est-à-dire à appliquer les chemises de vapeur, à faire usage de vapeur surchauffée, à employer les machines à plusieurs cylindres du système Woolf, enfin à donner aux pistons les plus grandes vitesses possibles.

L'application de ces moyens présente sans doute quelques difficultés pratiques, et il est possible qu'on n'arrive pas du premier coup à des résultats pleinement satisfaisants ; mais des essais réalisant une partie des dispositions indiquées, notamment ceux de l'Actif qui n'a consommé que 1^k,14 aux épreuves, montrent, il nous semble, la possibilité d'une réussite plus ou moins prochaine.

Quant à abaisser le chiffre de la consommation au-dessous de 0^k,90, cela ne paraît guère possible qu'en augmentant le rendement des chaudières au moyen, entre autres, de l'ap-

plication du tirage forcé. Mais il n'existe pas encore d'appareil de ce genre, et il n'y a même pas encore de chaudière
marine à haute pression remplissant toutes les conditions désirables. — C'est de ce côté surtout qu'on doit chercher à
réaliser des perfectionnements.

Note sur les pertes par condensation intérieure des machines
à trois cylindres.

La tension au réservoir intermédiaire des machines à trois
cylindres dépend du rapport entre le volume de vapeur introduit dans le cylindre milieu et le volume total occupé par
la vapeur dans les cylindres extrêmes lorsque finit l'introduction dans ces derniers. Cette tension règle la température intermédiaire θ, et la condensation est proportionnelle dans le
premier cylindre à $T — \theta$, et dans les autres à $\theta — t$. Mais les
valeurs absolues des condensations sont aussi fonction de part
et d'autre des surfaces mises en jeu, des enveloppes de vapeur
et de la surchauffe.

De l'examen comparatif des diagrammes obtenus simulta-
nément sur le Cher dans le cylindre milieu et dans les cylindres extrêmes en introduisant dans le premier aux 0,88 —
0,60 — 0,50 et 0,40, il résulte :

Qu'au-dessus de 0,5 il y a plus de vapeur sensible dans ce
premier cylindre que dans les autres, et partant plus de condensation dans ceux-ci ;

Qu'à 0,5 il y a à peu près égalité ;

Enfin qu'à 0,4 il y a un peu plus de vapeur sensible apparente dans les cylindres extrêmes qu'il ne s'en trouve dans le
cylindre milieu à la fin de l'introduction.

Or avec l'introduction des 0,5 au milieu, la température θ était de 95° pour une température T d'introduction de 130° environ. — *La condensation totale* de la machine se faisait donc en vertu de la chute 130° — 95° = 35°. Si le cylindre milieu avait communiqué directement avec le condenseur, on aurait eu 130° — 40° = 90°. De plus, comme il aurait fallu deux cylindres pour pouvoir pousser la détente aussi loin avec le même nombre de tours, les surfaces auraient doublé.

Il n'est donc pas douteux qu'en supposant pour nos calculs la perte par condensation intérieure d'une machine à trois cylindres, moitié de ce qu'elle est pour la machine à deux cylindres, nous devons être très-probablement au-dessous des avantages réels. C'est du reste ce qu'on peut déduire aussi directement des expériences faites sur le Cher avec deux cylindres ; la perte par heure était dans ce cas de 1355 kilog., tandis qu'avec trois cylindres et dans les circonstances les plus défavorables elle n'a pas atteint 500 kilog.

A cette occasion viendrait se poser la question de savoir : quelle température intermédiaire, et par suite quelle part de détente dans le cylindre milieu, serait la plus économique. Nous n'avons pas de données qui puissent permettre de répondre. Toutefois quelle que soit l'influence de cette température, il résulte des essais du Cher que dans une machine à trois cylindres égaux, il y a avantage économique à augmenter la détente dans le cylindre milieu pourvu que le nombre de tours reste le même. On voit en effet dans le tableau des expériences de MM. Joëssel et Thibaudier, en considérant les consommations d'eau, qui mieux que les consommations de charbon peuvent nous éclairer, que la dépense de vapeur par cheval et par heure est restée sensiblement la même pour les introductions de 0,6 — 05 et 0,4, et plus faible qu'avec 0,88 pour 140 centim. de pression à la chaudière ; et qu'avec une pression de 100 centim., la dépense par cheval a été un minimum pour l'introduction des 0,5, et à fort peu près la même pour o,4. Comme dans tous les cas le nombre de tours avait diminué constamment à mesure que la détente augmentait, il est hors de doute qu'à vitesses égales on aurait obtenu un avantage marqué en faveur d'une faible introduction au cylindre milieu.

TABLE DES MATIÈRES

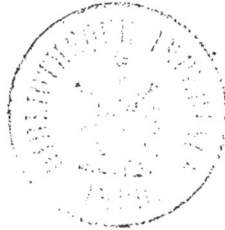

FIN DE LA TABLE DES MATIÈRES.

Paris. — Imprimé par E. Thunot et Cᵉ, rue Racine, 26.

ALONCLE, chef de bataillon d'artillerie de marine. — **PERFORATION DES CUIRASSES** par projectiles massifs ou creux, en acier ou en fonte dure, épreuves de DIVERS SYSTÈMES de b... les navires et les casemates. In-8 avec figures dans le texte et 5 grandes planches gravées...

ARTILLERIE (LA GROSSE) DE MARINE ET LES NAVIRES A TOURELLES. — La nouvelle artillerie en France. — Les canons Blakeley. — Fabrication et manœuvre des gros canons. — La tourelle en Angleterre et aux Etats-Unis. Les affûts modernes pour les canons de gros calib... in-8 accompagnée de figures dans le texte et de 6 grandes planches.

BERRY (A.), lieutenant de vaisseau. — **ÉTUDES SUR LA DÉTERMINATION RIGOUREUSE DE LA R...** DES CARÈNES. Travaux résistants du vent et de la mer rencontrant des navires. Broch. in-8.

BOUET-VILLAUMEZ, amiral. — **TACTIQUE NAVALE**, à l'usage d'une flotte cuirassée. B... avec figures.

BOURGOIS, contre-amiral. — **MÉTHODES DE NAVIGATION, D'EXPÉRIENCES ET D'ÉVOLUTIONS** p... sur l'escadre de la Méditerranée sous le commandement de l'amiral Bouet-Willaumez. In-8. L...
Conduite des machines et navigation en escadre.—La vitesse de l'escadre réglée par les nombres de... machines. — Observations du roulis. — Systèmes de transmission des ordres pendant le combat. — Exp... gyration. — Evolution. —Nouvelle tactique.

DELACOUR, ingénieur de la marine et directeur des constructions navales des messageries im...
— **ÉTUDE SUR LES MACHINES A VAPEUR MARINES ET LEURS PERFECTIONNEMENTS**, surchauffe de... grandes détentes, condensation par surfaces, haute pression, etc., brochure in-8, avec figures.

NOTIONS SUR LA CHALEUR, à l'usage des mécaniciens de la flotte, contenant les principes dont il... vent avoir besoin dans leur service journalier; explications, phénomènes, calorimétrie, combu... tables diverses, etc., in-8.

DISLERE, ingénieur de la marine. — **NOTE SUR LA MARINE DES ÉTATS-UNIS**. In-8 avec trois g... planches. 2 fr. 50
Marine des Etats-Unis pendant la guerre de la sécession. — Des monitors au point de vue nautique et au... de vue des qualités de combat. — Cuirasses. — Résistance des murailles cuirassées. — Différents types de monit... — Bâtiments à batteries. — Bâtiments non cuirassés. — Canonnières. — Doubles tenders. — Bâtiments confédé... — Marine actuelle des Etats-Unis. — Monitors du nouveau type. — Artillerie. — Affût Ericsson. — Arsena...

FORTS DE MER CUIRASSÉS (les). In-8 avec une planche. 1 fr. 50

DU TEMPLE, capitaine de frégate, directeur de l'école des mécaniciens, à Brest. — **COURS COMPLE...** DE MACHINES A VAPEUR, *appareils employés pour la navigation*, 2e édition refondue et considérablemen... augmentée. Un très-fort vol. in-8, suivi d'une table alphabétique de toutes les matières, avec renv... aux numéros où elles sont traitées, et accompagné d'un atlas renfermant 27 planches gravées sur aci... ayant chacune sa légende explicative. 17 f...

FOLIN (DE), capitaine de port. — **GUIDE DU CAPITAINE ET DU PILOTE** dans les rapports qu'ils doive... avoir pour diriger un navire, recueil de toutes les communications qui peuvent être échangées ent... un capitaine et un pilote dans les **PRINCIPALES LANGUES DE L'EUROPE**, disposé de telle sorte que tou... deux puissent lire en même temps la même phrase. 1 fort vol. in-8. 10 f...
La première partie traite les différentes phases de la navigation, depuis l'abordage du navire par le pilote jusqu... l'arrivée au port, et depuis la sortie du port jusqu'au congé que reçoit le pilote. La seconde partie est un voca... bulaire comprenant les mots usités dans la marine dans les principales langues européennes.

LABROUSSE, v. amiral. — **OBSERVATIONS SUR LES MACHINES A VAPEUR** récemment introduites dans... marine impériale. In-8 avec une grande planche. 1 fr. 25 c

LA PLANCHE (DE), capitaine de frégate. — **LES NAVIRES BLINDÉS DE LA RUSSIE**, d'après les dernier... documents officiels. In-8 accompagné de 6 planches donnant le plan et les lignes d'eau, les dispositions in... térieures, les dispositions de la cale, le pont intérieur, les sections, coupe et plan d'une tour, etc. 2 f...

LEVOT, bibliothécaire du port de Brest, et DONEAUD, professeur à l'école navale impériale. — **LES GLOIRES MARITIMES DE LA FRANCE**, biographie des marins, découvreurs, ingénieurs, médecins, hy... drographes, etc., les plus célèbres de la marine française. 1 fort vol. in-12. 4 f...

MACHINES MARINES A L'EXPOSITION UNIVERSELLE DE 1867 (les), recueil des rap... ports adressés à S. Exc. Monsieur le ministre de la marine; par les mécaniciens principaux de la ma... rine impériale. In-8 avec 40 grandes planches.

MERLIN, maître voilier, chargé de la voilerie à Toulon. — **TRAITÉ PRATIQUE DE VOILURE**, ou exposé des méthodes simples et faciles pour calculer et couper toutes espèces de voiles. 1 vol. in-8, avec figu... res dans le texte, et accompagné de nombreux tableaux, des qualités de toiles, des grosseurs de ra... lingues, de coupes de laizes, de toiles, etc., etc., et de 7 grandes planches gravées. 5 f...
PREMIÈRE PARTIE. — Du plan de voilure et de ce qui est relatif aux dimensions des voiles.
DEUXIÈME PARTIE. — Du tracé et de la coupe des voiles.
TROISIÈME PARTIE. — Confections, réparations et modifications des voiles.

OWEN (le commandant), professeur d'artillerie à l'Académie royale de Woolwich. — **EXAMEN COMPA... RATIF DU CANON A AME LISSE ET DU CANON RAYÉ** dans leur application à l'artillerie navale. Armement des navires de guerre. — Etat actuel de la question de l'artillerie. — Conclusion. Broch. in-8, avec une planche gravée. 1 fr. 25 c

PARIS, vice-amiral, directeur général du dépôt des cartes et plans de la marine, membre de l'Instit... (Académie des sciences). — **NOTE SUR LES NAVIRES CUIRASSÉS**. Brochure in-8 accompagnée d'un... lithographie et de 2 planches gravées.

PROMPT, lieutenant de vaisseau. **TACTIQUE DES ABORDAGES EN MER**, théorie de la libre circula... des mers, éclairage permanent des navires, examen historique et critique de la question des aborda... moyens de les prévenir. In-8 avec 2 grandes planches, renfermant 25 figures.

TORPILLES (LES) **SOUS-MARINES** comme moyens de défense de guerre, systèmes divers. In-8, planche. 1...

SASIAS, professeur à l'Ecole navale impériale. — **COURS DE MÉCANIQUE APPLIQUÉ AUX MACHINE...** l'usage des officiers de marine. 1 vol. in-8 avec 5 gr. planches gravées renfermant plu... 200 figures. 5 fr. 5...

TOUCHARD, vice-amiral. — **LES NAVIRES DE CROISIÈRE** et leur armement. Broch. in-8. 1 fr...

Paris. — Imprimé par E. THUNOT et Cⁱᵉ, rue Racine, 26.

www.ingramcontent.com/pod-product-compliance
Lightning Source LLC
Chambersburg PA
CBHW071249200326
41521CB00009B/1696